雷达信号处理基础

徐 彤 编著

国防工業出版社

·北京·

内 容 简 介

本书系统讲述雷达信号处理领域中经典成熟的知识和技术，内容涵盖：正交相位检波，匹配滤波，模糊函数，4种典型雷达波形（单载频矩形脉冲信号、线性调频矩形脉冲信号、二相编码矩形脉冲信号、相参矩形脉冲串信号），脉冲压缩处理，脉冲多普勒处理和雷达信号检测等。

本书主要供雷达信号处理相关专业的高年级本科生、研究生阅读，也可供相关领域的科研人员和工程技术人员学习参考。

图书在版编目（CIP）数据

雷达信号处理基础/徐彤编著．—北京：国防工业出版社，2023．3

ISBN 978－7－118－12823－9

Ⅰ．①雷…　Ⅱ．①徐…　Ⅲ．①雷达信号处理－研究

Ⅳ．①TN957．51

中国国家版本馆CIP数据核字（2023）第038984号

※

国防工業出版社出版发行

（北京市海淀区紫竹院南路23号　邮政编码100048）

北京虎彩文化传播有限公司印刷

新华书店经售

*

开本 710×1000　1/16　印张 9½　字数 165千字

2023年3月第1版第1次印刷　印数 1—1000册　定价 59.00元

国防书店：（010）88540777　　书店传真：（010）88540776

发行业务：（010）88540717　　发行传真：（010）88540762

前　　言

本书是关于雷达信号处理的入门书籍，讲述基本原理与常用算法。雷达信号处理领域理论知识丰富庞杂，本书仅涉及其中经典、成熟的基础知识，内容涵盖正交相位检波、匹配滤波、模糊函数、4类典型雷达波形、脉冲压缩、脉冲多普勒处理及目标检测。即便如此，仍要求读者掌握高等数学《概率论与数理统计》《信号与系统》《数字信号处理》《雷达原理》等图书所述的相关内容。为便于读者理解和掌握，本书从初学者的角度设计了知识框架，在编写中力求知识逻辑清晰、知识点衔接顺畅、数学推导详尽、与雷达系统关联紧密。

本书可作为雷达工程、电子与信息工程、通信工程等专业高年级本科生及信息、通信等专业研究生相关课程教材，也可作为雷达相关初级技术人员的参考书。

目前，国内外关于雷达信号处理的相关书籍较多，希望本书能够成为引领读者进入雷达信号处理世界的好向导。

由于水平有限，书中疏漏和不足之处，敬请批评指正。

作者

2020.5

目　　录

第 1 章　概　　述

1.1　雷达信号处理的基本任务

常规雷达系统通过发射电磁波，接收目标散射的回波，并对回波进行针对性处理来发现、测量目标。例如，对回波信号进行过门限检测判断目标的有无，提取目标回波信号的时延获得目标距离，提取其多普勒频移获得目标速度，提取其和路、差路的幅度结合发射/接收的波束指向获得目标角度。在这个对信号进行处理并获得目标信息的过程中，雷达需要解决目标回波信号与内部噪声、杂波和外部干扰（此处将除目标信号、杂波外的所有外来信号统称为干扰，如宇宙噪声、其他辐射源信号等）的竞争问题、目标的可靠发现问题、目标的分辨问题和测量问题等，因此雷达信号处理的基本任务包括：

① 提高信噪比、抑制杂波；

② 提高分辨力、测量精度；

③ 提高检测目标能力。

本书所涉及的雷达信号处理原理、算法，重点涵盖上述 3 项基本任务的核心内容，处理的回波信号特指雷达向指定方向发射信号后所接收的回波，不涉及多次多方向发射/接收间的关联处理。需要注意的是本书所有内容是作者吸收消化文献[1－5]编写而成。

1.2 雷达信号处理中的基本模型

在阅读本书前，有一组基本的前提假设和模型需要进行明确，它们是本书分析、推导的基本依据。

1. 窄带信号

窄带与宽带相对，常用的定义有两种。

（1）设实信号的载频为f_0，带宽为B，如果$B \ll f_0$，正负边带主要能量部分互不重叠，则认为该信号是窄带信号。有一些文献采用将$B \ll f_0$量化为$B \leqslant 0.1f_0$的方式来描述。

（2）设脉冲信号的时宽为T，带宽为B，目标运动速度为v，光速为c；若在目标运动T时间的距离上，雷达信号往返所需时间远小于$1/B$，则认为信号是窄带的，即

$$\frac{2vT}{c} \ll \frac{1}{B} \tag{1.1}$$

本书所讨论的信号都以窄带信号为前提，且均满足上述两种定义方式。

2. 点目标模型

点目标与面目标、体目标相对应。当雷达在其分辨力条件下，无法分辨远场目标细节时，则认为该目标是点目标。对于点目标，可认为其RCS是各向同性的。由于雷达分辨力包括距离、速度、角度等多个维度，所以目标有可能在某些维度上是点目标，而其他维度上不是。本书所讨论的目标，默认在距离、速度维度上都是点目标。

在窄带和点目标的前提下，后续章节在分析目标回波信号时，均认为其相对于发射信号而言无时间宽度、频谱宽度改变。

3. 停 - 跳模型

在雷达对运动目标发射信号的场景中，假设目标距离为R_0，径向速度为$v_{\mathrm{r}}(t)$；为了分析方便，该场景可合理地简化为：在雷达信号发射后到与目标遭遇的时间 t 内，目标保持距离为R_0不动，即“停”；待回波信号返程时，目标直接到达距离为 $R(t)$ 的位置，即“跳”，若以目标与雷达连线上朝向雷达运动的方向作为速度正方向，则 $R(t)$ 为

$$R(t) = R_0 - \int_0^t v_{\mathrm{r}}(t')\,\mathrm{d}t' \tag{1.2}$$

上述简化的目标运动模型就是“停 - 跳”模型，本书中分析、推导均以“停 - 跳”为前提。正是由于“停 - 跳”的作用，上面场景中目标回波信号的时延才记为 $2R_0/c$。

当雷达对距离为R_0、径向速度为$v_{\mathrm{r}}(t)$的目标以T_{r}为周期辐射 N 个信号时，按照停 - 跳模型，得到的 N 个回波信号的时延为

$$\begin{cases} t_{\mathrm{r}1} = \dfrac{2R_0}{c} \\ t_{\mathrm{r}2} = 2\,\dfrac{R_0 - \int_0^{T_{\mathrm{r}}} v_{\mathrm{r}}(t)\,\mathrm{d}t}{c} \\ t_{\mathrm{r}3} = 2\,\dfrac{R_0 - \int_0^{2T_{\mathrm{r}}} v_{\mathrm{r}}(t)\,\mathrm{d}t}{c} \\ \vdots \\ t_{\mathrm{r}N} = 2\,\dfrac{R_0 - \int_0^{(N-1)T_{\mathrm{r}}} v_{\mathrm{r}}(t)\,\mathrm{d}t}{c} \end{cases} \tag{1.3}$$

当 T_r、$v_r(t)$ 和 N 都不是很大时，即 $\int_0^{NT_r} v_r(t)\mathrm{d}t$ 不是很大时，t_{r1} 与 $t_{r2} \sim t_{rN}$ 差别并不大，因此可进一步假设目标在辐射 N 个信号的过程中都保持距离为 R_0 不动。

4. 多普勒频率

根据窄带、点目标和停－跳模型，若此时雷达发射信号 $s(t) = u(t) \cdot \cos(2\pi f_0 t + \varphi_0)$，经过时间 t'_r 后雷达信号到达目标处，t'_r 为

$$t'_r = \frac{R(t)}{c} = \frac{R_0 - \int_0^t v_r(t')\mathrm{d}t'}{c} \tag{1.4}$$

因此，目标处的雷达信号 $s_1(t)$ 为

$$s_1(t) = A_1 \cdot u(t) \cdot \cos[2\pi f_0(t - t'_r) + \varphi_0] \tag{1.5}$$

于是，将 $s_1(t)$ 中的相位对时间 t 求导，可得角频率 Ω_1，继而得到频率 f_1：

$$\Omega_1 = \frac{\mathrm{d}[2\pi f_0(t - t'_r) + \varphi_0]}{\mathrm{d}t} = 2\pi f_0 \cdot \left(1 - \frac{\mathrm{d}t'_r}{\mathrm{d}t}\right) = 2\pi f_0 \cdot \left[1 + \frac{v_r(t)}{c}\right] \tag{1.6}$$

$$f_1 = \frac{1}{2\pi} \cdot \Omega_1 = f_0 \cdot \left[1 + \frac{v_r(t)}{c}\right] \tag{1.7}$$

因此，$s_1(t)$ 可等价表示为

$$s_1(t) = A_1 \cdot u(t) \cdot \cos(2\pi f_1 t + \varphi_1) \tag{1.8}$$

$s_1(t)$ 被目标散射后，经时间 t'_r 返回至雷达，得到信号 $s_2(t)$ 后，有

$$s_2(t) = A_2 \cdot u(t) \cdot \cos[2\pi f_1(t - t'_r) + \varphi_1] \tag{1.9}$$

同理可得角频率 Ω_2 和频率 f_2，即

$$\Omega_2 = \frac{\mathrm{d}[2\pi f_1(t - t'_r) + \varphi_0]}{\mathrm{d}t} = 2\pi f_1 \cdot \left(1 - \frac{\mathrm{d}t'_r}{\mathrm{d}t}\right) = 2\pi f_1 \cdot \left[1 + \frac{v_r(t)}{c}\right] \tag{1.10}$$

$$\begin{aligned} f_2 &= \frac{1}{2\pi} \cdot \Omega_2 = f_1 \cdot \left[1 + \frac{v_r(t)}{c}\right] = f_0 \cdot \left[1 + \frac{v_r(t)}{c}\right]^2 \\ &\approx f_0 \cdot \left[1 + 2 \cdot \frac{v_r(t)}{c}\right] = f_0 + \frac{2v_r(t)}{\lambda} \end{aligned} \tag{1.11}$$

式(1.11)中,在发射信号载频f_0上附加的频率量就是多普勒频率f_d,即

$$f_d = \frac{2v_r(t)}{\lambda} \tag{1.12}$$

根据上述推导可知:

(1) f_d表达式实际是约等于关系。

(2) 式(1.12)中,$v_r(t)$实质为雷达发射信号时刻的目标瞬时径向速度,以目标朝向雷达运动方向作为径向速度正方向。

(3) f_d是由目标运动导致的,在雷达工作波长确定的条件下,f_d的大小不受雷达方控制,因此在雷达信号处理中必须考虑f_d的影响。

第 2 章　正交相位检波

2.1　上变频中的频谱搬移

为了让雷达信号能够对空发射，需要用雷达的工作波形调制载波信号，以达到雷达的射频工作频率。以典型工作波形单个脉冲 $u(t)$ 为例，设脉冲宽度为$\frac{t_p}{2}$，其时域表达式为

$$u(t)=\begin{cases}1, & \left(-\frac{t_p}{2}\leqslant t\leqslant\frac{t_p}{2}\right)\\ 0, & (\text{其他})\end{cases} \tag{2.1}$$

该波形的时域 $u(t)$、频域 $U(f)$ 图像如图 2.1、图 2.2 所示。

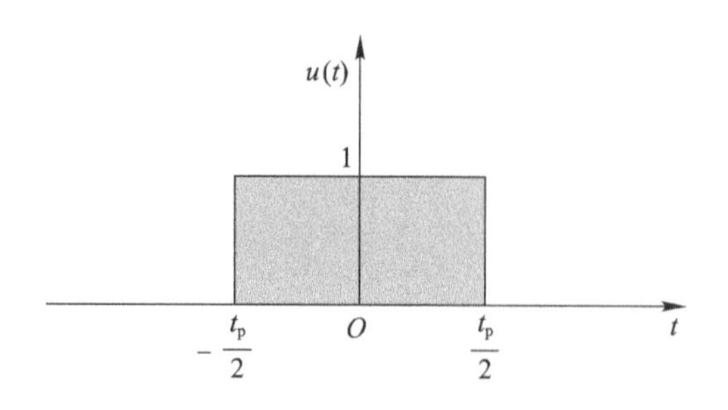

图 2.1　单个脉冲工作波形时域图

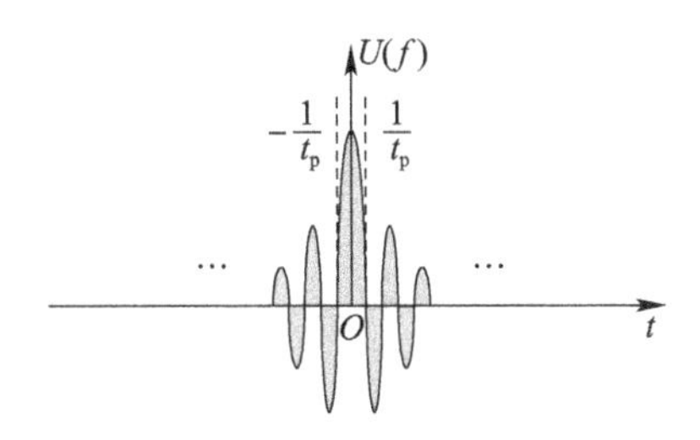

2.2　单个脉冲工作波形频域图

设雷达工作频率为f_0,用单个脉冲工作波形调制载波后的发射信号$e(t)$为

$$e(t)=u(t)\cdot\cos(2\pi f_0 t+\varphi_0) \tag{2.2}$$

设$e(t)$的傅里叶变换为$E(f)=U_e(f)e^{j\varphi_e}(f)$,则$e(t)$、$U_e(f)$的图像如图2.3、图2.4所示。

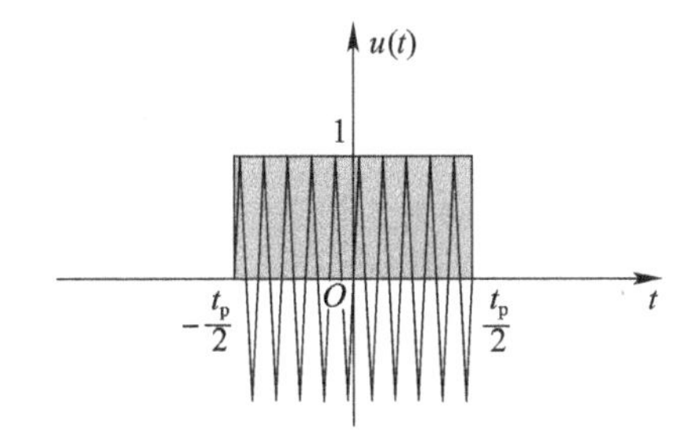

图2.3　$e(t)$时域图

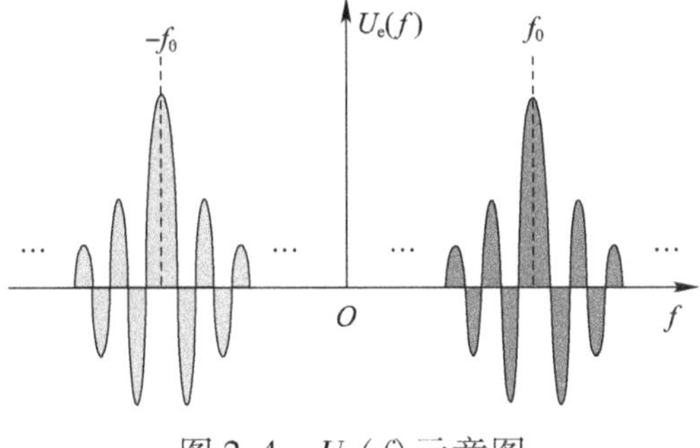

图2.4　$U_e(f)$示意图

对比工作波形与发射信号的频域图像可知，调制载波后，频谱由原来的单个 Sa 函数图像拆分为两个 Sa 函数图像，Sa 函数中心由原来的 O 分别搬移到了 $+f_0$ 和 $-f_0$。

2.2 回波信号基本模型

雷达发射信号在空中传递，与某目标遭遇后被目标散射，会有信号回到雷达天线进入接收机，这部分信号称为目标回波信号。假设目标距离为R_t，在不考虑叠加噪声等其他信号的理想情况下，目标回波信号 $r(t)$ 相对于发射信号 $e(t)$ 而言，发生了以下改变：

（1）幅度变小。这是由信号传播的衰减和部分反射回雷达导致，定义系数 A 为衰减后的信号幅度调节量。

（2）时间滞后。时间的滞后量 t_r 为

$$t_r = \frac{2R_t}{c} \tag{2.3}$$

（3）频率移动。假设目标相对雷达具有径向速度v_r，则电磁波与其遭遇后，会出现多普勒频移 f_d。f_d 可由式（2.4）计算，式中 λ 为雷达工作波长。

$$f_d = \frac{2v_r}{\lambda} \tag{2.4}$$

综合以上，回波信号 $r(t)$ 相对于发射信号 $e(t)$ 的变化，回波信号 $r(t)$ 的基本数学模型为

$$r(t) = A \cdot u(t-t_r) \cdot \cos[2\pi(f_0+f_d)(t-t_r)+\varphi_0] \tag{2.5}$$

设 $r(t)$ 的傅里叶变换为 $R(f) = U_r(f)\mathrm{e}^{\mathrm{j}\varphi_r(f)}$，则 $U_r(f)$ 相对于发

射信号 $e(t)$ 的 $U_e(f)$，Sa 函数中心由原来的 $+f_0$ 和 $-f_0$ 分别搬移到了 $+(f_0+f_d)$ 和 $-(f_0+f_d)$，如图 2.5 所示。

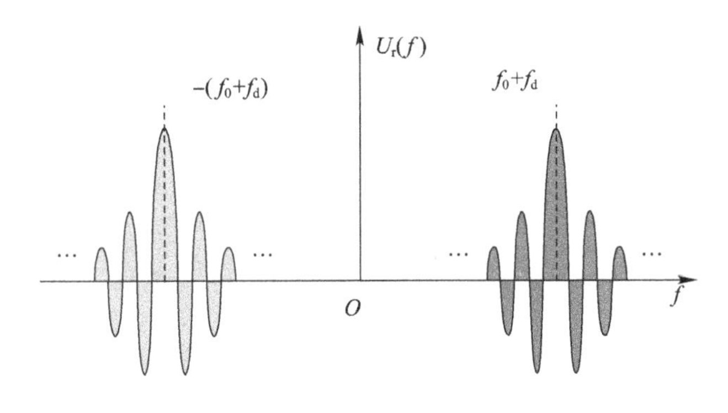

图 2.5　$U_r(f)$ 示意图

2.3　接收下变频

对于回波信号 $r(t)$，雷达接收机需要去掉载频 f_0，保留时延 t_r 和多普勒频移 f_d，以便于后续进行测距、测速等处理。在这个去载频 f_0 并保留 t_r、f_d 的过程中，还需要尽量保持回波信号 $r(t)$ 中雷达工作波形 $u(t)$ 的时域和频域特征不变，这样能够为后续测距、测速提供方便。读者通过对后续章节的学习，对这一点会有更深刻的体会。

显然，能够达到上述处理效果的信号表达式可根据式(2.5)类比得到式(2.6)。

$$s(t)=A\cdot u(t-t_r)\cdot\cos[2\pi f_d(t-t_r)+\varphi_0] \tag{2.6}$$

这个信号看起来就是满足去载频 f_0、保留 t_r 和 f_d、保持 $u(t)$ 特征的信号了，但仔细分析就会发现，其实它并不是。因为如果设

$s(t)$的傅里叶变换为$S(f)=U_s(f)e^{j\varphi_s(f)}$,$U_s(f)$可如图2.6所示,在去载频$f_0$后,Sa函数中心由原来$U_r(f)$的$+(f_0+f_d)$和$-(f_0+f_d)$分别搬移到了$+f_d$和$-f_d$。如果$f_d$比工作波形$u(t)$的带宽小,那么正负边带的主要能量部分就会交叠,原先发射的单个脉冲工作波形$u(t)$的幅频特性就没有得到保持。而f_d的大小由目标径向速度决定,不可预知也不受雷达方控制,因此,正负边带的主要能量部分交叠是不可避免的。所以,对回波信号$r(t)$简单的去载频处理,所得到的信号$s(t)$并没有达到我们需要的下变频目标。

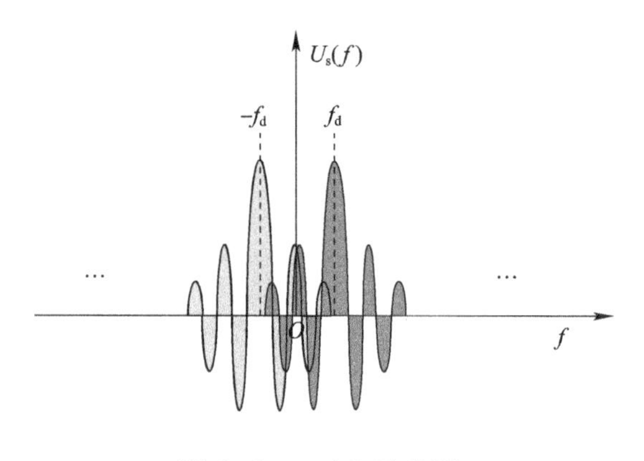

图2.6 $U_s(f)$示意图

分析可知,去载频后出现正负边带的主要能量部分交叠的根本原因在于:发射信号时通过上变频使工作波形的频谱由一个边带变成了两个边带,而回波信号仍然是两个边带,因此在后续去载频中两个边带发生了交叠。事实上,这两个边带每一个都具有原工作波形的频谱特征,所以从频域看,它们是冗余的。因此在接收时,如果能剔除一个边带,只保留其中之一,这样既不会在降频时发生交叠,同时仍然能够保持原发射波形的频域特征。所以说,接收下变频的过程还需要实现频域去冗余。

根据式(2.5),可类比得到另一个去载频f_0的表达式(2.7),这个信号$s'(t)$也满足去载频f_0、保留t_r和f_d,同时保持了$u(t)$的时域特征。设$s'(t)$的傅里叶变换为$S'(f) = U_{s'}(f)\mathrm{e}^{\mathrm{j}\varphi_{s}'(f)}$,那么$U_{s'}(f)$如图2.7所示。

$$s'(t) = A \cdot u(t - t_r) \cdot \sin[2\pi f_d(t - t_r) + \varphi_0] \tag{2.7}$$

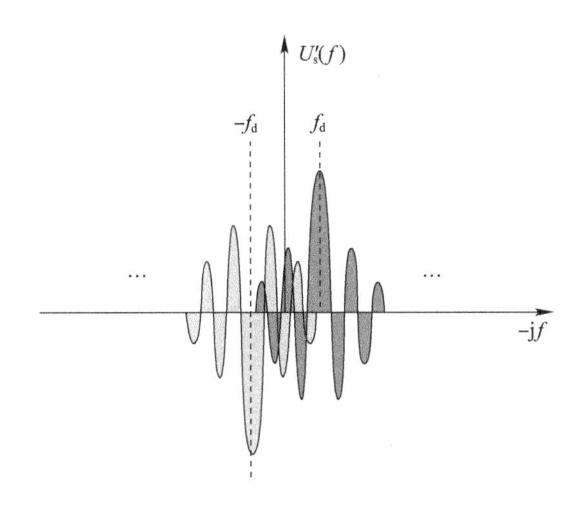

图2.7　$U_{s'}(f)$示意图

对比图2.6、图2.7可以发现,在$U_s(f)$、$U_{s'}(f)$中,有一个边带完全相同,而另一个边带恰好相反。因此,如果将$U_s(f)$、$U_{s'}(f)$进行叠加,那么得到的频谱$U_x(f)$将会只保留一个边带;且这个边带与雷达工作波形$u(t)$的频谱$U(f)$样式相同,只是发生了频带的移动,移动量为f_d,如图2.8所示。

这样就实现了去频谱冗余,并真正得到了去载频f_0、保留t_r和f_d,同时保持了$u(t)$的时/频域特征的信号。上述频谱叠加的操作,从时域看,等效于将信号$s(t)$作为实部、$s'(t)$作为虚部构造一个新的复信号$x(t)$,如式2.8所示。

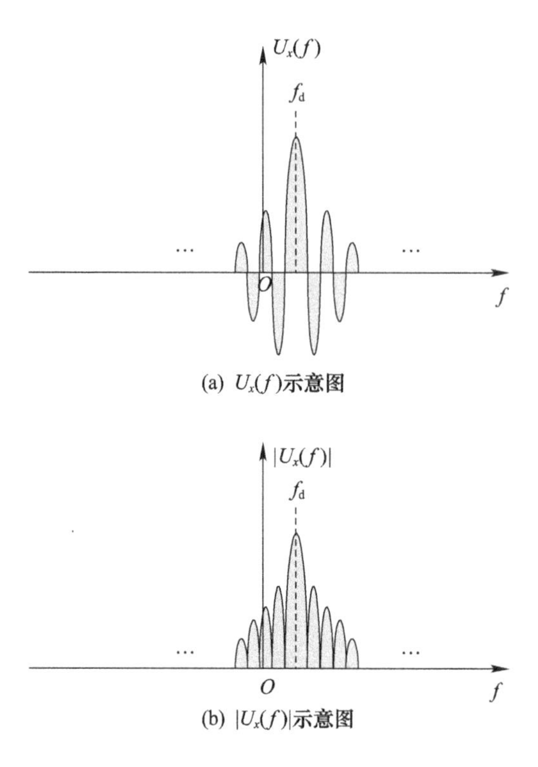

图 2.8　$U_s(f)$、$U_{s'}(f)$叠加后的 $U_x(f)$ 及 $|U_x(f)|$ 示意图

$$x(t) = s(t) + \mathrm{j}s'(t) = A \cdot u(t - t_r) \cdot \mathrm{e}^{\mathrm{j}[2\pi f_d(t - t_r) + \varphi_0]} \tag{2.8}$$

2.4　正交双通道处理

在雷达系统中,实现上节所述接收下变频的方法,就是正交双通道处理,其原理图如图 2.9 所示。

为分析方便,此处暂不考虑时延 t_r。正交双通道处理的输入信号为 $r(t)$,如式(2.9)所示;雷达系统提供 1 路标准信号 $s_c(t)$,如式(2.10)所示。

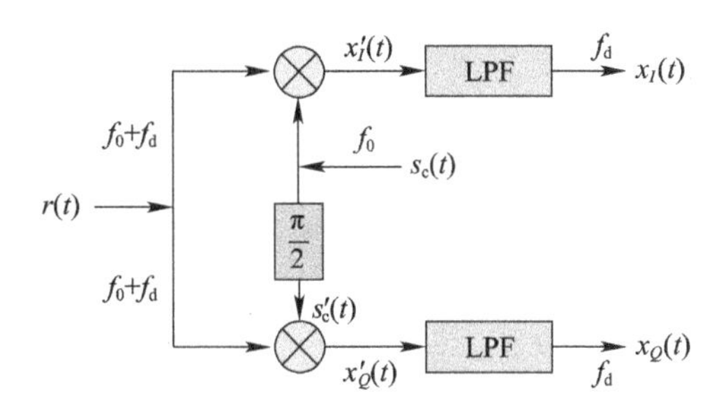

图 2.9　正交双通道处理原理图

$$r(t)=Au(t)\cos[2\pi(f_0+f_d)t+\varphi_0] \tag{2.9}$$

$$s_c(t)=\cos(2\pi f_0 t+\varphi_0) \tag{2.10}$$

信号 $s_c(t)$ 经$\frac{\pi}{2}$移相器后的输出信号 $s_c'(t)$ 如式(2.11)所示。

$$s_c'(t)=\cos\left(2\pi f_0 t+\varphi_0+\frac{\pi}{2}\right)=-\sin(2\pi f_0 t+\varphi_0) \tag{2.11}$$

在图 2.9 中,实现 $r(t)\cdot s_c(t)$ 的通道称为同相通道(I 通道),实现 $r(t)\cdot s_c'(t)$ 的通道称为正交通道(Q 通道)。将同相通道、正交通道乘法器的输出信号分别记为 $x_I'(t)$、$x_Q'(t)$,则二者表达式如式(2.12)、式(2.13)所示。

$$\begin{aligned}x_I'(t)&=r(t)\cdot s_c(t)\\&=Au(t)\cos[2\pi(f_0+f_d)t+\varphi_0]\cdot\cos(2\pi f_0 t+\varphi_0)\\&=\frac{1}{2}Au(t)\cos(4\pi f_0 t+2\pi f_d t+2\varphi_0)+\frac{1}{2}Au(t)\cos(2\pi f_d t)\end{aligned} \tag{2.12}$$

$$\begin{aligned}x_Q'(t)&=r(t)\cdot s_c'(t)\\&=Au(t)\cos[2\pi(f_0+f_d)t+\varphi_0]\cdot[-\sin(2\pi f_0 t+\varphi_0)]\\&=-\frac{1}{2}Au(t)\sin(4\pi f_0 t+2\pi f_d t+2\varphi_0)+\frac{1}{2}Au(t)\sin(2\pi f_d t)\end{aligned} \tag{2.13}$$

同相通道、正交通道乘法器之后的低通滤波器，能够让 $u(t)$ 被搬移到频率 $\pm f_{\mathrm{d}}$ 处的频带通过，其他部分截止。两个通道最终输出的信号分别记为 $x_I(t)$、$x_Q(t)$，即

$$\begin{cases} x_I(t) = \dfrac{1}{2}Au(t)\cos(2\pi f_{\mathrm{d}}t) \\ x_Q(t) = \dfrac{1}{2}Au(t)\sin(2\pi f_{\mathrm{d}}t) \end{cases} \tag{2.14}$$

此时，将 $x_I(t)$、$x_Q(t)$ 分别作为实部和虚部，组成新的信号 $x(t)$，表达式为

$$x(t) = x_I(t) + \mathrm{j}x_Q(t) = \frac{1}{2}Au(t)\mathrm{e}^{\mathrm{j}2\pi f_{\mathrm{d}}t} \tag{2.15}$$

再考虑到把开始分析时忽略的时延 t_{r} 补充进去，那么正交双通道处理输出得到的复信号可由式(2.15)修正为式(2.16)：

$$x(t) = \frac{1}{2}Au(t - t_{\mathrm{r}})\mathrm{e}^{\mathrm{j}2\pi f_{\mathrm{d}}(t - t_{\mathrm{r}})} \tag{2.16}$$

显然这个 $x(t)$ 既去掉了载频 f_0，又包含了 t_{r}、f_{d}，同时保持了雷达工作波形 $u(t)$ 的时域频域特征，因此达到了目的。

由于在正交双通道处理中，同相通道、正交通道都是相位检波器，并且两路输出信号满足正交关系，因此正交双通道处理也被称为正交相位检波。

2.5 镜频分量与抑制

2.5.1 镜频分量的产生

在雷达系统中实现正交相位检波器，就需要使用 $\frac{\pi}{2}$ 移相器、乘

法器和低通滤波器。物理实现中,如果$\frac{\pi}{2}$移相器、乘法器、低通滤波器不理想,就会对输出的信号产生影响。假设这些不理想导致同相通道输出信号 $x_I(t)$ 幅度比正交通道信号 $x_Q(t)$ 大 ε 倍,$x_Q(t)$ 的相位比 $x_I(t)$ 多φ_e,$x_I(t)$、$x_Q(t)$ 分别具有直流偏置 a 和 b,则式(2.14)应改写为式(2.17)。

$$\begin{cases} x_I(t) = (1+\varepsilon)\frac{1}{2}Au(t)\cos(2\pi f_d t) + a \\ x_Q(t) = \frac{1}{2}Au(t)\sin(2\pi f_d t + \varphi_e) + b \end{cases} \tag{2.17}$$

由于式(2.17)中$\frac{1}{2}Au(t)$不影响后续分析,所以将$\frac{1}{2}Au(t)$简写为 A,即有

$$\begin{cases} x_I(t) = (1+\varepsilon)A\cos(2\pi f_d t) + a \\ x_Q(t) = A\sin(2\pi f_d t + \varphi_e) + b \end{cases} \tag{2.18}$$

将 $x_I(t)$、$x_Q(t)$ 组成复信号 $x(t)$,有

$$x(t) = x_I(t) + \mathrm{j}x_Q(t) = (1+\varepsilon)A\cos(2\pi f_d t) + \mathrm{j}A\sin(2\pi f_d t + \varphi_e) + a + \mathrm{j}b \tag{2.19}$$

进一步推导,有

$$\begin{aligned} x(t) &= (1+\varepsilon)A\cos(2\pi f_d t) + \mathrm{j}A\sin(2\pi f_d t + \varphi_e) + a + \mathrm{j}b \\ &= (1+\varepsilon)A\cos(2\pi f_d t) + \mathrm{j}A\sin(2\pi f_d t)\cos(\varphi_e) + \\ &\quad \mathrm{j}A\cos(2\pi f_d t)\sin(\varphi_e) + a + \mathrm{j}b \\ &= \frac{1}{2}(1+\varepsilon)A\cos(2\pi f_d t) + \frac{1}{2}(1+\varepsilon)A\cos(2\pi f_d t) + \end{aligned}$$

$$
\begin{aligned}
&\mathrm{j}\,\frac{1}{2}A\cos(\varphi_{\mathrm{e}})\sin(2\pi f_{\mathrm{d}}t)+\mathrm{j}\,\frac{1}{2}A\cos(\varphi_{\mathrm{e}})\sin(2\pi f_{\mathrm{d}}t)+\\
&\mathrm{j}\,\frac{1}{2}A\sin(\varphi_{\mathrm{e}})\cos(2\pi f_{\mathrm{d}}t)+\mathrm{j}\,\frac{1}{2}A\sin(\varphi_{\mathrm{e}})\cos(2\pi f_{\mathrm{d}}t)+\\
&\mathrm{j}\,\frac{1}{2}(1+\varepsilon)A\sin(2\pi f_{\mathrm{d}}t)-\mathrm{j}\,\frac{1}{2}(1+\varepsilon)A\sin(2\pi f_{\mathrm{d}}t)+\\
&\frac{1}{2}A\cos(\varphi_{\mathrm{e}})\cos(2\pi f_{\mathrm{d}}t)-\frac{1}{2}A\cos(\varphi_{\mathrm{e}})\cos(2\pi f_{\mathrm{d}}t)-\\
&\frac{1}{2}A\sin(\varphi_{\mathrm{e}})\sin(2\pi f_{\mathrm{d}}t)+\frac{1}{2}A\sin(\varphi_{\mathrm{e}})\sin(2\pi f_{\mathrm{d}}t)+a+\mathrm{j}b
\end{aligned}
\tag{2.20}
$$

由于在上式中，

$$
\begin{aligned}
&\frac{1}{2}A\cos(2\pi f_{\mathrm{d}}t)[(1+\varepsilon)+\mathrm{j}\sin(\varphi_{\mathrm{e}})+\cos(\varphi_{\mathrm{e}})]\\
&\quad=\frac{1}{2}(1+\varepsilon)A\cos(2\pi f_{\mathrm{d}}t)+\mathrm{j}\,\frac{1}{2}A\sin(\varphi_{\mathrm{e}})\cos(2\pi f_{\mathrm{d}}t)+\\
&\quad\frac{1}{2}A\cos(\varphi_{\mathrm{e}})\cos(2\pi f_{\mathrm{d}}t)
\end{aligned}
\tag{2.21}
$$

$$
\begin{aligned}
&\mathrm{j}\,\frac{1}{2}A\sin(2\pi f_{\mathrm{d}}t)[(1+\varepsilon)+\mathrm{j}\sin(\varphi_{\mathrm{e}})+\cos(\varphi_{\mathrm{e}})]\\
&\quad=\mathrm{j}\,\frac{1}{2}(1+\varepsilon)A\sin(2\pi f_{\mathrm{d}}t)-\frac{1}{2}A\sin(\varphi_{\mathrm{e}})\sin(2\pi f_{\mathrm{d}}t)+\\
&\quad\mathrm{j}\,\frac{1}{2}A\cos(\varphi_{\mathrm{e}})\sin(2\pi f_{\mathrm{d}}t)
\end{aligned}
\tag{2.22}
$$

$$
\begin{aligned}
&\frac{1}{2}A\cos(2\pi f_{\mathrm{d}}t)[(1+\varepsilon)+\mathrm{j}\sin(\varphi_{\mathrm{e}})-\cos(\varphi_{\mathrm{e}})]\\
&\quad=\frac{1}{2}(1+\varepsilon)A\cos(2\pi f_{\mathrm{d}}t)+\mathrm{j}\,\frac{1}{2}A\sin(\varphi_{\mathrm{e}})\cos(2\pi f_{\mathrm{d}}t)-\\
&\quad\frac{1}{2}A\cos(\varphi_{\mathrm{e}})\cos(2\pi f_{\mathrm{d}}t)
\end{aligned}
\tag{2.23}
$$

$$-\mathrm{j}\frac{1}{2}A\sin(2\pi f_{\mathrm{d}}t)\left[(1+\varepsilon)+\mathrm{j}\sin(\varphi_{\mathrm{e}})-\cos(\varphi_{\mathrm{e}})\right]$$

$$=-\mathrm{j}\frac{1}{2}(1+\varepsilon)A\sin(2\pi f_{\mathrm{d}}t)+\frac{1}{2}A\sin(\varphi_{\mathrm{e}})\sin(2\pi f_{\mathrm{d}}t)+$$

$$\mathrm{j}\frac{1}{2}A\cos(\varphi_{\mathrm{e}})\sin(2\pi f_{\mathrm{d}}t) \tag{2.24}$$

所以,将以上 4 个表达式带入式(2.20),有

$$x(t)=\frac{1}{2}A\left[(1+\varepsilon)+\mathrm{j}\sin(\varphi_{\mathrm{e}})+\cos(\varphi_{\mathrm{e}})\right]\cos(2\pi f_{\mathrm{d}}t)+$$

$$\mathrm{j}\frac{1}{2}A\left[(1+\varepsilon)+\mathrm{j}\sin(\varphi_{\mathrm{e}})+\cos(\varphi_{\mathrm{e}})\right]\sin(2\pi f_{\mathrm{d}}t)+$$

$$\frac{1}{2}A\left[(1+\varepsilon)+\mathrm{j}\sin(\varphi_{\mathrm{e}})-\cos(\varphi_{\mathrm{e}})\right]\cos(-2\pi f_{\mathrm{d}}t)+$$

$$\mathrm{j}\frac{1}{2}A\left[(1+\varepsilon)+\mathrm{j}\sin(\varphi_{\mathrm{e}})-\cos(\varphi_{\mathrm{e}})\right]\sin(-2\pi f_{\mathrm{d}}t)+a+\mathrm{j}b \tag{2.25}$$

于是,整理得

$$x(t)=\frac{1}{2}A\left[(1+\varepsilon)+\mathrm{j}\sin(\varphi_{\mathrm{e}})+\cos(\varphi_{\mathrm{e}})\right]\mathrm{e}^{\mathrm{j}2\pi f_{\mathrm{d}}t}+$$

$$\frac{1}{2}A\left[(1+\varepsilon)+\mathrm{j}\sin(\varphi_{\mathrm{e}})-\cos(\varphi_{\mathrm{e}})\right]\mathrm{e}^{-\mathrm{j}2\pi f_{\mathrm{d}}t}+a+\mathrm{j}b \tag{2.26}$$

若令 $x_{+f_{\mathrm{d}}}(t)$、$x_{-f_{\mathrm{d}}}(t)$ 为

$$\begin{cases} x_{+f_{\mathrm{d}}}(t)=\frac{1}{2}A\left[(1+\varepsilon)+\mathrm{j}\sin(\varphi_{\mathrm{e}})+\cos(\varphi_{\mathrm{e}})\right]\mathrm{e}^{\mathrm{j}2\pi f_{\mathrm{d}}t} \\ x_{-f_{\mathrm{d}}}(t)=\frac{1}{2}A\left[(1+\varepsilon)+\mathrm{j}\sin(\varphi_{\mathrm{e}})-\cos(\varphi_{\mathrm{e}})\right]\mathrm{e}^{-\mathrm{j}2\pi f_{\mathrm{d}}t} \end{cases} \tag{2.27}$$

那么

$$x(t)=x_{+f_d}(t)+x_{-f_d}(t)+a+\mathrm{j}b \tag{2.28}$$

考虑到前面所述,为了分析方便,将$\frac{1}{2}Au(t)$简写为A,因此还原后式(2.27)应改写为式(2.29)。

$$\begin{cases} x_{+f_d}(t)=\dfrac{1}{4}Au(t)[(1+\varepsilon)+\mathrm{j}\sin(\varphi_e)+\cos(\varphi_e)]\mathrm{e}^{\mathrm{j}2\pi f_d t} \\ x_{-f_d}(t)=\dfrac{1}{4}Au(t)[(1+\varepsilon)+\mathrm{j}\sin(\varphi_e)-\cos(\varphi_e)]\mathrm{e}^{-\mathrm{j}2\pi f_d t} \end{cases} \tag{2.29}$$

由$x_{+f_d}(t)$、$x_{-f_d}(t)$的表达式可知,$x_{+f_d}(t)$的幅频特性可由$u(t)$的幅频特性搬移到f_d处乘以系数$\frac{1}{4}A[(1+\varepsilon)+\mathrm{j}\sin(\varphi_e)+\cos(\varphi_e)]$得到;$x_{-f_d}(t)$的幅频特性可由$u(t)$的幅频特性搬移到$-f_d$处乘以系数$\frac{1}{4}A[(1+\varepsilon)+\mathrm{j}\sin(\varphi_e)-\cos(\varphi_e)]$得到;$a+\mathrm{j}b$是直流偏置,幅频特性位于0频。

通过上述分析可知,若正交相位检波是理想的,不存在两路输出的幅度、相位差异和直流偏置,则输出的复信号频带应是$u(t)$的幅频特性搬移到f_d处乘以系数$\frac{1}{2}A$;若正交相位检波不理想,存在两路输出的幅度、相位差异和直流偏置,则输出的复信号幅频特性会改变,在f_d的对称位置$-f_d$处,会出现新的频带,这就是**镜频分量**。

2.5.2 镜频的抑制

正交相位检波的目的之一就是要去掉频谱冗余,避免正负边带交叠，但镜频的出现又使该问题复现了，显然对后续处理是不利的，因此镜频必须被抑制。

抑制镜频的方法主要有两种：

(1) 尽量提高移相器、乘法器、低通滤波器性能，逼近理想状态。

(2) 设法通过校正的方法把镜频校正掉。

这两种方法分别对应数字正交相位检波和校正网络两种实现手段。现代雷达数字化程度高，广泛采用数字正交相位检波技术。因此，基于校正网络的镜频抑制方法本书不再赘述。

由于使用常规物理器件往往难以使移相器、乘法器、低通滤波器性能稳定地逼近于理想状态，因此采用数字化的方法是行之有效的手段。在数字系统中，移相、乘法和滤波都成为了数学计算，很容易使运算结果逼近理想值，如图 2.10 所示。

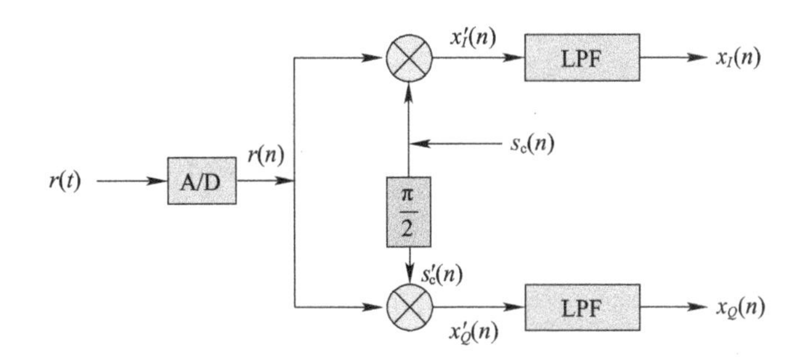

图 2.10　数字正交相位检波原理图

需要注意的是，数字正交相位检波能够在很大程度上对镜频起到抑制作用，但并不能完全消除，原因在于采样量化及数字运算都受到字长的限制，数字系统不能对数值无限逼近，因此会造成计算误差。

另一方面，数字正交相位检波需要先把输入信号变为数字信号，因此 A/D 变换器至关重要。采样频率是 A/D 变换器的重要指标，采样频率越高往往意味着 A/D 变换器越昂贵、越难以实现。在数字正交相位检波中，很大程度上决定 A/D 变换器采样频率需求的不是输入信号的带宽，而是载频 f_0。因此，在实际的雷达系统中，往往不是对射频回波信号直接进行数字正交相位检波的，因为这样对 A/D 变换器的采样频率要求太高，所以需要先把射频信号多次进行下变频到中频变换，然后在中频进行数字正交相位检波。

2.6 全相参体制

2.5 节讨论了一个数字正交相位检波器往往不会直接从射频回波信号开始处理，而是先对回波信号进行下变频到中频，然后从中频去做正交相位检波。

把射频信号下变频到中频的过程通常用混频器来实现，如图 2.11所示。混频器有两路输入，一路是回波信号 $r(t)$，载频为 f_0+f_d；另一路是来自雷达接收机的混频信号，频率为 f_0-f_I。两路信号混频后得到信号 $r_I(t)$，载频为 f_I+f_d。

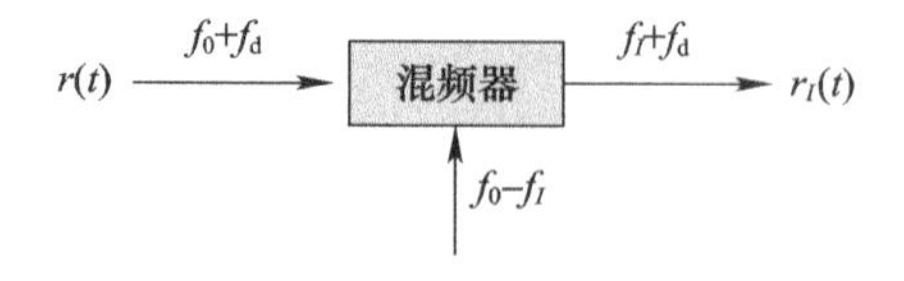

图 2.11　混频器示意图

载频为 f_I+f_d 的 $r_I(t)$ 即可作为正交相位检波器的输入，完成后续处理。按照2.4节所述，在正交相位检波器中，雷达接收机需要提供1路频率为f_I的标准信号$s_c(t)$参与正交相位检波处理。因此，在中频进行正交相位检波的原理框图可在图2.9基础上演变为图2.12。

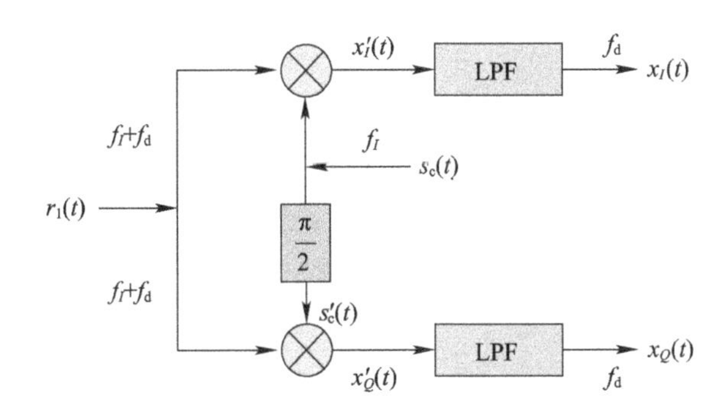

图2.12　在中频进行正交相位检波的原理框图

经过图2.12所示正交相位检波器的处理，对照式(2.15)，将会得到一个复信号$x(t)$，该信号称为零中频信号，或者中频信号的复包络。本书后续章节中，若无特别声明，讨论雷达回波信号时，均采用零中频信号的形式给出其表达式。

至此，梳理一下就会发现，在中频进行数字正交相位检波的雷达系统至少需要提供3路频率信号，即发射时频率为f_0的载频信号、接收时频率为f_0-f_I的混频信号、正交相位检波中频率为f_I的标准信号$s_c(t)$。工程实现中，如果这3路频率信号来自于不同的频率源，那么3个源之间振荡和初始相位的随机差异，将会为从射频混频到中频、正交相位检波带来频率和相位上的随机误差，从而影响处理结果。因此，实际的雷达系统往往将这3路频率信号设计为来自于同一个频率源，这种设计称为**全相参**体制，如图2.13所示。

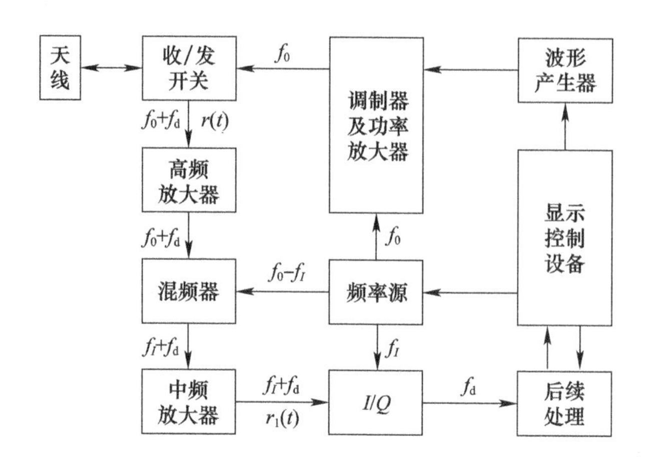

图 2. 13　全相参体制雷达原理框图

第3章　匹配滤波

3.1　匹配滤波原理

3.1.1　最优处理准则

雷达检测目标是否存在的方法一般是划门限，通过将信号与门限的大小做比较，来判定有无目标；若信号大于门限（过门限），则判定有目标，反之则判定无目标，如图 3.1 所示。在第 8 章中，将会分析过门限检测方法的理论依据。

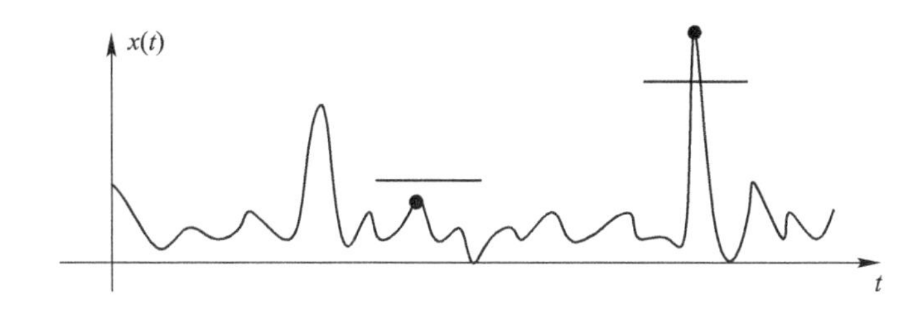

图 3.1　过门限检测原理示意图

雷达始终工作在噪声环境，既有雷达接收机内部的噪声，也有从天线馈入的外部噪声。因此雷达回波始终是目标回波信号与噪声的叠加。那么，按照过门限检测目标的方法，噪声过门限误判为有目标显然是错误的。因此，我们通常希望在进行过门限检测之前，雷达回波信号能够通过一定的处理，使目标回波强度显著高于噪声强度，从而使过门限检测更可靠。信噪比（SNR）是用来对比目标回波强度与噪声强度的重要指标，表示信号与噪声的功率之比。显然，为了可靠检测，总是希望信噪比越大越好。

上面以目标检测为例，论述了使信噪比最大化的信号处理需求，事实上，信噪比大小对于目标参数测量精度也有着直接的影响，通常信噪比越大测量精度越高。总之，雷达信号处理的最优准则是获得最大信噪比，除非为了达到其他目的需要在信噪比上做出折中。

3.1.2　匹配滤波器频域表达式

设零中频回波信号 $x_i(t)$ 包含目标回波信号 $s_i(t)$ 和噪声 $n_i(t)$，即式（3.1）；噪声 $n_i(t)$ 为白噪声，功率谱密度为$\frac{N_0}{2}$。假设线性时不变系统 $h(t)$ 为能够获得最大信噪比的最优滤波器，其频率响应函数为 $H(f)$。

$$x_i(t) = s_i(t) + n_i(t) \tag{3.1}$$

注意，在下面的推导中，使用对噪声 $n_i(t)$ 的样本函数以时长为 T 进行截断的截断函数 $n_i^T(t)$；$n_i^T(t)$ 的傅里叶变换存在，记为 $N_i^T(f)$；$n_i^T(t)$ 的能量、平均功率可计算，分别记为E_{ni}^T、P_{ni}^T。

根据线性时不变系统的可加性，$x_i(t)$ 通过系统 $h(t)$ 后的输出 $x_o(t)$ 可表示为式（3.2）。其中，$s_o(t)$、$n_o(t)$ 分别为 $s_i(t)$、$n_i^T(t)$ 通过系统 $h(t)$ 后的输出。

$$x_o(t) = s_o(t) + n_o(t) \tag{3.2}$$

按照 $h(t)$ 是最优滤波器的假设,其输出信噪比(SNR)(信号瞬时功率与噪声平均功率之比),如式(3.3)所示,将能够在某时刻达到最大值。

$$\mathrm{SNR} = \frac{P_s}{P_n} \tag{3.3}$$

式中:P_s为输出信号在 t 时刻的瞬时功率,若用$S_i(f)$、$S_o(f)$分别表示 $s_i(t)$、$s_o(t)$的频谱,则P_s为

$$P_s = |s_o(t)|^2 = \left|\int S_o(f)\mathrm{e}^{\mathrm{j}2\pi ft}\mathrm{d}f\right|^2 = \left|\int S_i(f)H(f)\mathrm{e}^{\mathrm{j}2\pi ft}\mathrm{d}f\right|^2 \tag{3.4}$$

若用$N_i(f)$表示输入噪声 $n_i^T(t)$的频谱,则滤波器输出的噪声频谱为 $H(f)\cdot N_i^T(f)$,于是输出噪声的能量为

$$E_n = \int |H(f)\cdot N_i^T(f)|^2\mathrm{d}f \tag{3.5}$$

按照能量与平均功率间的计算关系,输出噪声的平均功率为

$$\begin{aligned} P_n &= \lim_{T\to\infty}\left[\frac{1}{T}\int |H(f)\cdot N_i^T(f)|^2\mathrm{d}f\right] \\ &= \int |H(f)|^2\left[\lim_{T\to\infty}\frac{1}{T}|N_i^T(f)|^2\right]\mathrm{d}f \end{aligned} \tag{3.6}$$

需要注意的是,式(3.6)中的积分项满足一致收敛性,故积分项与极限符号可以互换。对于输入白噪声 $n_i(t)$样本函数的截断函数 $n_i^T(t)$而言,其平均功率为

$$P_{\mathrm{ni}}^{T} = \lim_{T\to\infty}\left[\frac{1}{T}E_{\mathrm{ni}}^{T}\right] = \lim_{T\to\infty}\left[\frac{1}{T}\int |N_{\mathrm{i}}^{T}(f)|^{2}\mathrm{d}f\right]$$

$$= \int\left[\lim_{T\to\infty}\frac{1}{T}|N_{\mathrm{i}}^{T}(f)|^{2}\right]\mathrm{d}f \tag{3.7}$$

因前面假设白噪声 $n_{\mathrm{i}}(t)$ 的功率谱密度为 $\frac{N_0}{2}$，因此对照式(3.7)，有

$$\lim_{T\to\infty}\frac{1}{T}|N_{\mathrm{i}}^{T}(f)|^{2} = \frac{N_0}{2} \tag{3.8}$$

将式(3.8)代入式(3.6)，得

$$P_{\mathrm{n}} = \frac{N_0}{2}\int |H(f)|^{2}\mathrm{d}f \tag{3.9}$$

将式(3.4)、式(3.9)代入式(3.3)，得到输出信噪比为

$$\mathrm{SNR} = \frac{P_{\mathrm{s}}}{P_{\mathrm{n}}} = \frac{\left|\int S_{\mathrm{i}}(f)H(f)\,\mathrm{e}^{\mathrm{j}2\pi ft}\mathrm{d}f\right|^{2}}{\frac{N_0}{2}\int |H(f)|^{2}\mathrm{d}f} \tag{3.10}$$

按照施瓦茨不等式，任意给定函数 $A(f)$ 和 $B(f)$，则 $\left|\int A(f)B(f)\mathrm{d}f\right|^{2}$ 在 $A(f) = k \cdot B^{*}(f)$ 时可取到最大值，且最大值为 $\left[\int |A(f)|^{2}\mathrm{d}f\right]\cdot\left[\int |B(f)|^{2}\mathrm{d}f\right]$，$k$ 可为任意常系数，如下式所示：

$$\left|\int A(f)B(f)\mathrm{d}f\right|^{2} \leqslant \left[\int |A(f)|^{2}\mathrm{d}f\right]\cdot\left[\int |B(f)|^{2}\mathrm{d}f\right] \tag{3.11}$$

式(3.10)可求得最大值为

$$\mathrm{SNR}=\frac{P_{\mathrm{s}}}{P_{\mathrm{n}}}=\frac{\left|\int S_{\mathrm{i}}(f)H(f)\ \mathrm{e}^{\mathrm{j}2\pi ft}\mathrm{d}f\right|^2}{\frac{N_0}{2}\int |H(f)|^2\mathrm{d}f}\leqslant$$

$$\frac{\left[\int |S_{\mathrm{i}}(f)\ \mathrm{e}^{\mathrm{j}2\pi ft}|^2\mathrm{d}f\right]\cdot\left[\int |H(f)|^2\mathrm{d}f\right]}{\frac{N_0}{2}\int |H(f)|^2\mathrm{d}f} \tag{3.12}$$

进一步化简可得最大信噪比为

$$\mathrm{SNR}_{\max}=\frac{\left[\int |S_{\mathrm{i}}(f)\ \mathrm{e}^{\mathrm{j}2\pi ft}|^2\mathrm{d}f\right]\cdot\left[\int |H(f)|^2\mathrm{d}f\right]}{\frac{N_0}{2}\int |H(f)|^2\mathrm{d}f}$$

$$=\frac{\int |S_{\mathrm{i}}(f)|^2\mathrm{d}f}{\frac{N_0}{2}}=\frac{2E}{N_0} \tag{3.13}$$

式(3.13)中，E 为输入信号 $s_{\mathrm{i}}(t)$ 的能量。能够取到最大信噪比的条件为

$$H(f)=k\cdot[S_{\mathrm{i}}(f)\mathrm{e}^{\mathrm{j}2\pi ft}]^*=k\cdot S_{\mathrm{i}}^*(f)\cdot\mathrm{e}^{-\mathrm{j}2\pi ft} \tag{3.14}$$

通过上述推导可知，在输入信号 $s_{\mathrm{i}}(t)$ 叠加白噪声的条件下，只要设计的滤波器频率响应 $H(f)$ 与信号频谱 $S_{\mathrm{i}}(f)$ 满足式(3.14)的关系，即可在某时刻实现最大信噪比，且最大信噪比的取值只与输入信号的能量 E 和白噪声的功率谱密度 $\frac{N_0}{2}$ 有关，与 $s_{\mathrm{i}}(t)$ 的波形样式无关。

从获得输出信噪比的角度看，式(3.14)给出的滤波器样式，能够使输出信噪比在某时刻达到最大，显然是最优滤波器。

这个最优滤波器必须与输入信号密切相关，即必须在频域上满足与输入信号频谱$S_i(f)$式(3.14)所规定的对应关系；输入信号如果变了，滤波器样式也必须随着改变，即滤波器样式必须与输入信号样式相匹配。因此，这个最优滤波器被称为**匹配滤波器**。

在2.3节中，本书阐述了接收下变频时，在去载频f_0并保留t_r、f_d的过程中，还需要尽量保持回波信号$r(t)$中雷达工作波形$u(t)$的时域和频域特征不变。其很大一部分原因就是因为要使用匹配滤波器，所以要求回波信号里$u(t)$的时域和频域特征不变，否则匹配滤波就失效了。

3.1.3 最大信噪比时刻

从匹配滤波器输出的信号和噪声什么时刻会达到最大信噪比？根据式(3.14)可知，输出信号$s_o(t)$的频谱$S_o(f)$为

$$\begin{aligned} S_o(f) &= S_i(f) \cdot H(f) = S_i(f) \cdot k \cdot S_i^*(f) \cdot e^{-j2\pi ft} \\ &= k \cdot |S_i(f)|^2 \cdot e^{-j2\pi ft} \end{aligned} \tag{3.15}$$

为了避免在后续分析中，将式(3.15)中的t与时域函数的时间变量t相混淆，此处将式(3.15)中的t改写为另一助记符t_d，如式(3.16)所示。

$$S_o(f) = k \cdot |S_i(f)|^2 \cdot e^{-j2\pi ft_d} \tag{3.16}$$

假设存在某信号$s_o'(t)$，其频谱为$S_o'(f) = k \cdot |S_i(f)|^2$，关于信号$s_o'(t)$可得到以下分析结论：

(1) 从$s_o'(t)$的频谱$S_o'(f)$的表达式看，显然该信号的相频函

数 $\varphi(f)=0$，根据傅里叶变换的奇偶性质，易知 $s'_o(t)$ 应为实偶函数。

（2）$s_o(t)$ 的频谱比 $s'_o(t)$ 的频谱多了一项 $e^{-j2\pi f t_d}$，根据傅里叶变换的时延性质，$s_o(t)$ 应在时间上比 $s'_o(t)$ 滞后 t_d，即 $s'_o(t-t_d)=s_o(t)$。

（3）由于 $s_o(t)$ 为匹配滤波器的输出，达到最大信噪比时刻实质就是 $s_o(t)$ 达到其峰值时刻，所以 $s_o(t)$ 应有一个峰值存在，根据（2）的结论，$s'_o(t)$ 必然也存在一个峰值。

（4）根据（1）和（3），既然 $s'_o(t)$ 存在一个峰值，且 $s'_o(t)$ 为偶函数，所以该峰值只能在 0 时刻出现。

（5）根据（2）和（4），$s'_o(t)$ 的峰值在 0 时刻出现，$s_o(t)$ 在时间上比 $s'_o(t)$ 滞后 t_d，所以 $s_o(t)$ 的峰值会在 t_d 时刻出现。

通过上述 5 点分析，可知匹配滤波器输出最大信噪比的时刻应为 t_d。因此，式（3.14）可改写为式（3.17），作为最终的匹配滤波器频域表达式：

$$H(f)=k\cdot S_i^*(f)\cdot e^{-j2\pi f t_d} \tag{3.17}$$

3.1.4 匹配滤波器时域表达式

匹配滤波器时域表达式 $h(t)$ 可通过对 $H(f)$ 进行傅里叶反变换得出，如下式所示：

$$h(t)=k\cdot s_i^*(t_d-t) \tag{3.18}$$

由式（3.18）可知，匹配滤波器可以通过对要匹配处理的信号 $s_i(t)$ 取复共轭再沿时间轴翻转、平移得到，平移量 t_d 决定了匹配滤波后的峰值时刻，如图 3.2 所示。

考虑到物理系统的因果性，不应取 $t_d<0$；如果要进行匹

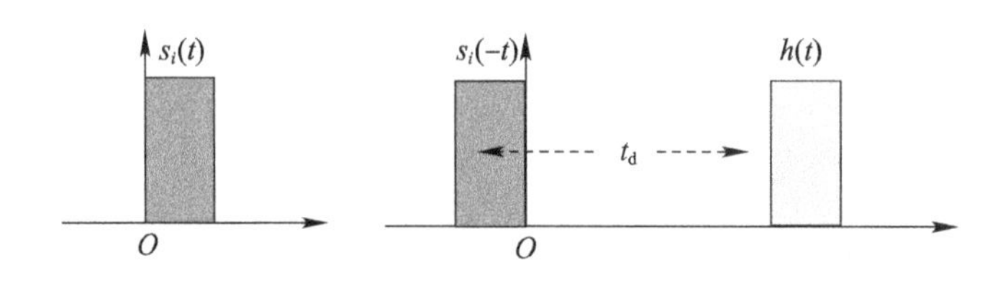

图 3.2　匹配滤波器时域示意图

配滤波的信号 $s_i(t)$ 时间宽度为 t_p，也不应取 $0 \leqslant t_d < t_p$，因为信号完全进入匹配滤波器需要时间为 t_p，不可能在信号未完全进入匹配滤波器之前，就达到最大信噪比。但如果是在数字系统中实现匹配滤波器，那么所谓的信号通过匹配滤波器的过程只是在进行数学运算，所以 t_d 的取值可不受这些限制，视具体需求恰当选择即可。本书中将 t_d 称为匹配滤波器的峰值设计时刻。

3.2　匹配滤波特性

3.2.1　时移

设信号为 $s_i(t)$，其匹配滤波器 $h(t)$ 的峰值设计时刻为 t_d，匹配滤波后得到信号为 $s_o(t)$，那么，按照线性时不变系统的时不变性，$s_i(t-t_r)$ 通过 $h(t)$ 得到的信号 $s_o'(t)$ 应与原输出信号 $s_o(t)$ 保持时延关系，即有 $s_o'(t) = s_o(t-t_r)$。因此，当输入信号延迟 t_r 后，输出信号的峰值从原设计时刻 t_d 延迟至 $t_d + t_r$，这就是匹配滤波的时移适应性。

关于时移适应性，还可以从另一个角度来理解。首先，$s_o'(t)$ 可由式(3.19)进行卷积计算得出，即

$$
\begin{aligned}
s_o'(t) &= s_i(t-t_r)\cdot h(t) \\
&= s_i(t-t_r)\cdot[k\cdot s_i^*(t_d-t)] \\
&= k\cdot\int s_i(\tau-t_r)\cdot s_i^*(t_d+\tau-t)\mathrm{d}\tau
\end{aligned}
\tag{3.19}
$$

令 $\tau-t_r=\tau'$,代入式(3.19),有

$$
\begin{aligned}
s_o'(t) &= k\cdot\int s_i(\tau')\cdot s_i^*(t_d+t_r+\tau'-t)\mathrm{d}\tau' \\
&= s_i(t)\cdot[k\cdot s_i^*(t_d+t_r-t)] \\
&= s_i(t)\cdot[k\cdot s_i^*(t'_d-t)]
\end{aligned}
\tag{3.20}
$$

式(3.20)表明,$s_o'(t)$等价于让原信号 $s_i(t)$通过了一个新的匹配滤波器,这个滤波器的峰值设计时刻从原来的 t_d调整为 $t_d'=t_d+t_r$,因此输出后的峰值必然出现在 t_d+t_r处。这个过程可以理解为输入信号延迟 t_r,等价于匹配滤波器将峰值设计时刻适应性地也延迟 t_r,如图 3.3 所示。

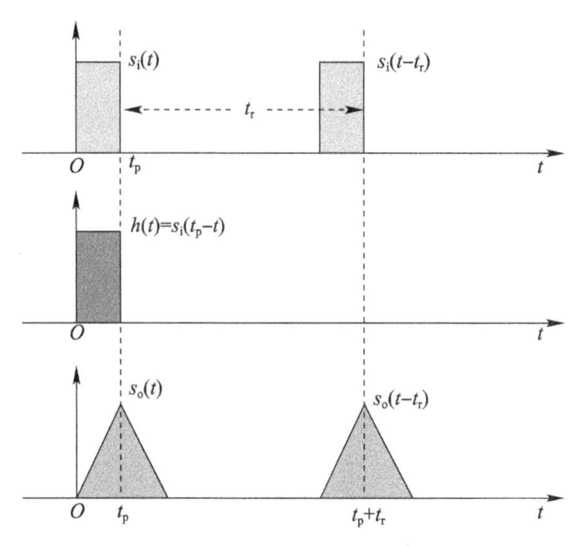

图 3.3　时移适应性示意图

在实际的雷达系统中，正是由于存在时移适应性，匹配滤波器才真正发挥了作用。假设雷达工作波形为 $u(t)$，经上变频、发射、遭遇目标、接收、正交相位检波后，得到零中频信号。若回波时延为 t_r、目标是固定的，则根据式(2.16)，再将系数简化，零中频信号可表示为 $Au(t-t_r)$。此时，由于不能预知 t_r，为 $Au(t-t_r)$ 按照式(3.18)构造匹配滤波器 $k \cdot Au^*(t_d-t_r-t)$ 是做不到的。事实上，只需要对雷达工作波形 $u(t)$ 构造匹配滤波器 $k \cdot u^*(t_d-t)$，然后让 $Au(t-t_r)$ 通过该匹配滤波器。根据时移适应性，输出信号出现峰值的时刻必然在 t_d+t_r 处，因此雷达系统只要把这个峰值时刻测量出来，然后减去匹配滤波器的峰值设计时刻 t_d，就得到了目标回波时延 t_r。

3.2.2 频移

设信号为 $s_i(t)$，其匹配滤波器 $h(t)$ 的峰值设计时刻为 t_d，匹配滤波后得到信号 $s_o(t)$，那么，当信号加入频率移动后，即 $s_i'(t)=s_i(t)e^{j2\pi f_d t}$，输出将不会保持最大信噪比，这就是匹配滤波器的频移不适应性。

如图 3.4 所示，当信号发生频率移动后，将会有一部分信号能量不能通过匹配滤波器，因此必然造成输出信噪比的下降，这种现象也称为多普勒失配。

在上面时移适应性的例子中，假设目标是固定的。现在如果假设目标是运动的，产生了多普勒频移 f_d，那么零中频信号根据式(2.16)可表示为 $Au(t-t_r)e^{j2\pi f_d(t-t_r)}$。此时，让该信号通过工作波形 $u(t)$ 对应的匹配滤波器 $k \cdot u^*(t_d-t)$，显然会发生多普勒失

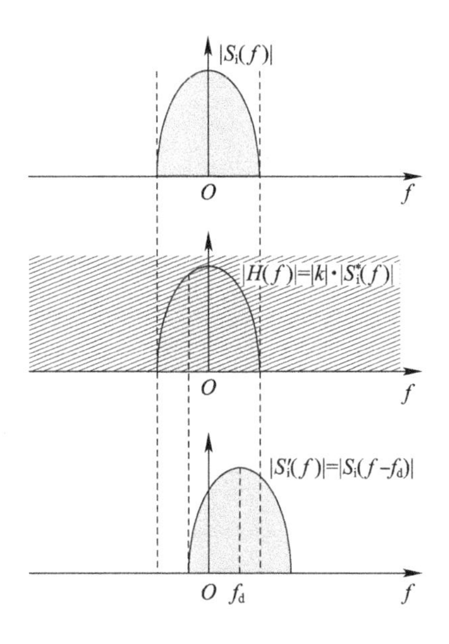

图 3.4　频移不适应性示意图

配，输出信噪比会下降。但只要信噪比能够满足后续的处理需要，那么这个多普勒失配就是可以接受的；如果信噪比不能满足后续的处理需要，就要先估计 f_d 的大小，然后对匹配滤波器设计频率补偿。

当发生多普勒失配后，除了信噪比下降外，对输出信号峰值时刻是否会有影响，这个问题在后续章节中将会具体讨论。

第4章　模糊函数

雷达系统除了需要发现目标、测量目标,还要分辨目标。分辨目标,是指把相邻的多个目标区分出来。一部雷达能否正确分辨目标取决于它的分辨力,本章只讨论雷达在距离和速度上对目标的分辨问题,角度分辨本章不涉及。

4.1　模糊函数定义

假设空中有两个朝向雷达运动的目标 A 和 B,B 目标比 A 目标距离更远、速度更快;A 目标对雷达信号产生时延 t_r、多普勒频移 f_d;B 目标对雷达信号产生时延 $t_r+\tau$、多普勒频移 $f_d+\xi$。若雷达工作波形为 $u(t)$,根据式(2.16),目标 A 和 B 回波信号的零中频信号分别用 $x_A(t)$、$x_B(t)$ 表示,如下式所示(此处不考虑回波信号幅度差异,对系数进行了简化):

$$\begin{cases} x_A(t)=u(t-t_r)\mathrm{e}^{\mathrm{j}2\pi f_d(t-t_r)} \\ x_B(t)=u(t-t_r-\tau)\mathrm{e}^{\mathrm{j}2\pi(f_d+\xi)(t-t_r-\tau)} \end{cases} \tag{4.1}$$

显然,雷达在收到 $x_A(t)$ 和 $x_B(t)$ 后,当 $x_A(t)$ 与 $x_B(t)$ 差异越大时,这两个目标就越易于分辨;反之,就越不易分辨。于是,可使用下式的计算表达式描述 $x_A(t)$ 与 $x_B(t)$ 的差异。

$$\varepsilon^2 = \int |x_A(t) - x_B(t)|^2 \mathrm{d}t \tag{4.2}$$

设复数 $x_A = a + b\mathrm{j}$、$x_B = c + d\mathrm{j}$，则 $|x_A - x_B|^2$ 可按式(4.3)计算，式中算符 Re[·]表示取实部。

$$\begin{aligned}|x_A - x_B|^2 &= |(a + b\mathrm{j}) - (c + d\mathrm{j})|^2 \\ &= (a-c)^2 + (b-d)^2 \\ &= |a + b\mathrm{j}|^2 + |c + d\mathrm{j}|^2 - 2\mathrm{Re}[(a + b\mathrm{j})^* \cdot (c + d\mathrm{j})] \\ &= |x_A|^2 + |x_B|^2 - 2\mathrm{Re}[x_A{}^* \cdot x_B]\end{aligned} \tag{4.3}$$

所以，对照式(4.3)，式(4.2)可计算如下：

$$\begin{aligned}\varepsilon^2 &= \int |x_A(t) - x_B(t)|^2 \mathrm{d}t \\ &= \int |x_A(t)|^2 \mathrm{d}t + \int |x_B(t)|^2 \mathrm{d}t - \int 2\mathrm{Re}[x_A{}^*(t) \cdot x_B(t)]\mathrm{d}t \\ &= 2E - 2\mathrm{Re}\left[\int x_A^*(t) \cdot x_B(t)\mathrm{d}t\right] \geqslant \\ &\quad 2E - 2\left|\int x_A^*(t) \cdot x_B(t)\mathrm{d}t\right|\end{aligned} \tag{4.4}$$

式(4.4)中，E 为 $x_A(t)$ 的能量，显然 $x_B(t)$ 的能量也为 E。根据式(4.1)，得

$$\begin{aligned}\int x_A^*(t) \cdot x_B(t)\mathrm{d}t &= \int [u(t - t_\mathrm{r})\mathrm{e}^{\mathrm{j}2\pi f_\mathrm{d}(t-t_\mathrm{r})}]^* \cdot \\ &\qquad [u(t - t_\mathrm{r} - \tau)\mathrm{e}^{\mathrm{j}2\pi(f_\mathrm{d}+\xi)(t-t_\mathrm{r}-\tau)}]\mathrm{d}t \\ &= \int u(t - t_\mathrm{r} - \tau)u^*(t - t_\mathrm{r})\mathrm{e}^{-\mathrm{j}2\pi f_\mathrm{d}(t-t_\mathrm{r})}\mathrm{e}^{\mathrm{j}2\pi(f_\mathrm{d}+\xi)(t-t_\mathrm{r}-\tau)}\mathrm{d}t \\ &= \mathrm{e}^{-\mathrm{j}2\pi f_\mathrm{d}\tau}\int u(t - t_\mathrm{r} - \tau)u^*(t - t_\mathrm{r})\mathrm{e}^{\mathrm{j}2\pi\xi(t-t_\mathrm{r}-\tau)}\mathrm{d}t\end{aligned} \tag{4.5}$$

令 $t-t_r-\tau=t'$，代入式(4.5)，得

$$\int x_A^*(t)\cdot x_B(t)\mathrm{d}t = \mathrm{e}^{-\mathrm{j}2\pi f_d\tau}\int u(t')u^*(t'+\tau)\mathrm{e}^{\mathrm{j}2\pi\xi t'}\mathrm{d}t' \quad (4.6)$$

将式(4.6)代入式(4.4)，用 t 替换 t'，得

$$\begin{aligned}\varepsilon^2 &\geqslant 2E-2\left|\int x_A^*(t)\cdot x_B(t)\mathrm{d}t\right| \\ &= 2E-2\left|\mathrm{e}^{-\mathrm{j}2\pi f_d\tau}\int u(t')u^*(t'+\tau)\mathrm{e}^{\mathrm{j}2\pi\xi t'}\mathrm{d}t'\right| \\ &= 2E-2\left|\int u(t)u^*(t+\tau)\mathrm{e}^{\mathrm{j}2\pi\xi t}\mathrm{d}t\right| \end{aligned}\quad (4.7)$$

令 $\chi(\tau,\xi)$ 等于式(4.7)中的积分项，即

$$\chi(\tau,\xi) = \int u(t)u^*(t+\tau)\mathrm{e}^{\mathrm{j}2\pi\xi t}\mathrm{d}t \quad (4.8)$$

由式(4.7)可知，目标 A 和 B 回波零中频信号 $x_A(t)$ 与 $x_B(t)$ 差异的最小值，取决于 $|\chi(\tau,\xi)|$。$|\chi(\tau,\xi)|$ 越小，ε^2 越大，两个目标越易于分辨；反之，两个目标越不易分辨。易于分辨可理解为模糊度小，不易分辨可理解为模糊度大。因此 $|\chi(\tau,\xi)|$ 值的大小，决定了两个目标模糊度的大小，所以 $\chi(\tau,\xi)$ 称为模糊函数。

式(4.8)给出了 $\chi(\tau,\xi)$ 基于时域函数 $u(t)$ 的表达式，取 $U(f)$ 为 $u(t)$ 的傅里叶变换，$\chi(\tau,\xi)$ 基于频域函数 $U(f)$ 的表达式推导如下：

$$\begin{aligned}\chi(\tau,\xi) &= \int u(t)u^*(t+\tau)\mathrm{e}^{\mathrm{j}2\pi\xi t}\mathrm{d}t \\ &= \int\left[\int U(f)\mathrm{e}^{\mathrm{j}2\pi ft}\mathrm{d}f\right]u^*(t+\tau)\mathrm{e}^{\mathrm{j}2\pi\xi t}\mathrm{d}t \\ &= \int U(f)\left[\int u^*(t+\tau)\mathrm{e}^{\mathrm{j}2\pi(f+\xi)t}\mathrm{d}t\right]\mathrm{d}f \\ &= \int U(f)\left[\int u(t+\tau)\mathrm{e}^{-\mathrm{j}2\pi(f+\xi)t}\mathrm{d}t\right]^*\mathrm{d}f \end{aligned}\quad (4.9)$$

令 $t+\tau=t'$，代入式(4.9)，得

$$\chi(\tau,\xi)=\int U(f)\left[\int u(t')\mathrm{e}^{-\mathrm{j}2\pi(f+\xi)(t'-\tau)}\mathrm{d}t'\right]^{*}\mathrm{d}f$$

$$=\int U(f)\left[\mathrm{e}^{\mathrm{j}2\pi(f+\xi)\tau}\int u(t')\mathrm{e}^{-\mathrm{j}2\pi(f+\xi)t'}\mathrm{d}t'\right]^{*}\mathrm{d}f \tag{4.10}$$

式(4.10)中，$\int u(t')\mathrm{e}^{-\mathrm{j}2\pi(f+\xi)t'}\mathrm{d}t'=U(f+\xi)$，因此，代入整理后，得

$$\chi(\tau,\xi)=\int U(f)U^{*}(f+\xi)\mathrm{e}^{-\mathrm{j}2\pi(f+\xi)\tau}\mathrm{d}f \tag{4.11}$$

在$\chi(\tau,\xi)$中取 $\xi=0$，得到$\chi(\tau,0)$，它描述了目标 A 和 B 的回波信号具有相对时延 τ、但没有相对多普勒频移的场景下，从距离上区分两个目标的模糊度，因此$\chi(\tau,0)$称为距离模糊函数，如式(4.12)所示。

$$\chi(\tau,0)=\int u(t)u^{*}(t+\tau)\mathrm{d}t$$

$$=\int|U(f)|^{2}\mathrm{e}^{-\mathrm{j}2\pi f\tau}\mathrm{d}f \tag{4.12}$$

在$\chi(\tau,\xi)$中取 $\tau=0$，得到$\chi(0,\xi)$，它描述了目标 A 和 B 的回波信号没有相对时延 τ、但具有相对多普勒频移 ξ 的场景下，从速度上区分两个目标的模糊度，因此$\chi(0,\xi)$称为速度模糊函数，如式(4.13)所示。

$$\chi(0,\xi)=\int|u(t)|^{2}\mathrm{e}^{\mathrm{j}2\pi\xi t}\mathrm{d}t=\int U(f)U^{*}(f+\xi)\mathrm{d}f \tag{4.13}$$

4.2 模糊图与分辨力

4.2.1 模糊图

基于模糊函数$\chi(\tau,\xi)$,对其取模得到$|\chi(\tau,\xi)|$后绘制的图像,称为模糊图(或距离 - 速度模糊图);$\chi(\tau,0)$取模得到$|\chi(\tau,0)|$后绘制的图像,称为距离模糊图;$\chi(0,\xi)$取模得到$|\chi(0,\xi)|$后绘制的图像,称为速度模糊图。$|\chi(\tau,0)|$是在$|\chi(\tau,\xi)|$上沿着τ轴切分后得到的剖面包络,$|\chi(0,\xi)|$是在$|\chi(\tau,\xi)|$上沿着ξ轴切分后得到的剖面包络。图 4.1 所示为距离模糊图示意图。

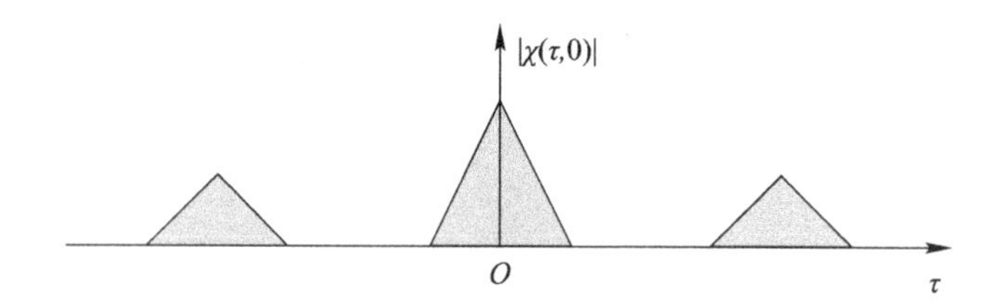

图 4.1　距离模糊图示意图

观察图 4.1,结合距离模糊图取值的含义可以得出以下结论:

(1) 使$|\chi(\tau,0)|=0$的τ取值区间,表示目标 A 和 B 回波信号的相对时延在该区间内时,两个目标完全可分辨。

(2) 使$|\chi(\tau,0)|\neq0$的τ取值区间,表示目标 A 和 B 回波信号的相对时延在该区间内时,两个目标分辨起来具有模糊度,$|\chi(\tau,0)|$的值越大,模糊度越大,越不易分辨。

(3) 使$|\chi(\tau,0)|$取极大值的τ值,表示目标 A 和 B 回波信号

的相对时延为该值时,两个目标完全不可分辨。

(4) 在 $\tau=0$ 处 $|\chi(\tau,0)|$ 有最大值,这与目标 A 和 B 没有相对距离时完全不能分辨的物理意义一致。

如果画出速度模糊图的示意图,也能得到上述类似的结论。显然,$|\chi(\tau,\xi)|$ 只与雷达工作波形 $u(t)$ 有关,与载频、目标 A 和 B 的真实距离和速度无关,因此它是波形 $u(t)$ 的固有属性,具有描述工作波形 $u(t)$ 潜在的距离、速度分辨性能的能力。

4.2.2 分辨力的度量

如何根据模糊图得到波形的距离和速度分辨力,这在不同的文献中有不同的准则,比较常用的有以下 3 种。

(1) 在 $|\chi(\tau,0)|$ 所对应的距离模糊图上,从 $|\chi(\tau,0)|$ 的峰值 ($\tau=0$ 处) 向下找 $|\chi(\tau,0)|$ 下降 3dB 或 4dB 或 6dB 时对应的 τ 值,假设为 $\pm\tau_0$,那么距离分辨力就是 $2\tau_0$;在 $|\chi(0,\xi)|$ 所代表的速度模糊图上,从 $|\chi(0,\xi)|$ 的峰值($\xi=0$ 处) 向下找 $|\chi(0,\xi)|$ 下降 3dB 或 4dB 或 6dB 时对应的 ξ 值,假设为 $\pm\xi_0$,那么速度分辨力就是 $2\xi_0$;在不同的文献中,对 3dB、4dB、6dB 都有所采用,其使用原则基本是根据模糊图的形状来确定。

(2) 在 $|\chi(\tau,0)|$ 所对应的距离模糊图上,从 $|\chi(\tau,0)|$ 的峰值 ($\tau=0$ 处) 向下找第一个 $|\chi(\tau,0)|$ 为 0 时对应的 τ 值,即 $|\chi(\tau,0)|$ 的第一零点,假设为 $\pm\tau_0$,那么距离分辨力就是 τ_0;在 $|\chi(0,\xi)|$ 所代表的速度模糊图上,从 $|\chi(0,\xi)|$ 的峰值($\xi=0$ 处) 向下找第一个 $|\chi(0,\xi)|$ 为 0 时对应的 ξ 值,即 $|\chi(0,\xi)|$ 的第一零点,假设为 $\pm\xi_0$,那么速度分辨力就是 ξ_0。

（3）计算时延分辨常数A_τ与多普勒分辨常数A_ξ来表示距离分辨力和速度分辨力，如式(4.14)所示。

$$
\begin{cases}
A_\tau = \dfrac{\int |\chi(\tau,0)|^2 \mathrm{d}\tau}{|\chi(0,0)|^2} \\
A_\xi = \dfrac{\int |\chi(0,\xi)|^2 \mathrm{d}\xi}{|\chi(0,0)|^2}
\end{cases}
\tag{4.14}
$$

按照式(4.12)可知，$\chi(\tau,0)$是$|U(f)|^2$的傅里叶变换；按照式(4.13)可知，$\chi(0,\xi)$是$|u(t)|^2$的傅里叶反变换。所以，$\int |\chi(\tau,0)|^2 \mathrm{d}\tau$相当于求信号$\chi(\tau,0)$的能量，等于对$|U(f)|^2$求能量，即$\int |\chi(\tau,0)|^2 \mathrm{d}\tau = \int |U(f)|^4 \mathrm{d}f$，同理有$\int |\chi(0,\xi)|^2 \mathrm{d}\xi = \int |u(t)|^4 \mathrm{d}t$。仍然按照式(4.12)可知，$\chi(0,0) = \int |U(f)|^2 \mathrm{d}f$；按照式(4.13)可知，$\chi(0,0) = \int |u(t)|^2 \mathrm{d}t$。以上两组结论代入式(4.14)可得式(4.15)。

$$
\begin{cases}
A_\tau = \dfrac{\int |\chi(\tau,0)|^2 \mathrm{d}\tau}{|\chi(0,0)|^2} = \dfrac{\int |U(f)|^4 \mathrm{d}f}{\left|\int |U(f)|^2 \mathrm{d}f\right|^2} \\
A_\xi = \dfrac{\int |\chi(0,\xi)|^2 \mathrm{d}\xi}{|\chi(0,0)|^2} = \dfrac{\int |u(t)|^4 \mathrm{d}t}{\left|\int |u(t)|^2 \mathrm{d}t\right|^2}
\end{cases}
\tag{4.15}
$$

在上述3种描述方式中，本书后续使用(2)中的准则，作为衡量距离、速度分辨力的标准，这种准则给出的分辨力，称为瑞利分辨力。需要说明的是，按上述准则，从距离模糊图、速度模糊图得到的 $\pm\tau_0$、$\pm\xi_0$ 或者 A_τ、A_ξ 从物理意义上说，分别是要分辨的两个目标的相对时延、相对多普勒频移，即时延分辨力、多普勒分辨力；它们要对应成真正的距离和速度分辨力，还需要经过时间－距离、频率－速度的换算。为了描述简便，本书直接称 $\pm\tau_0$、$\pm\xi_0$ 或者 A_τ、A_ξ 为距离分辨力和速度分辨力了。

为什么准则(1)、(2)中给出的值一定是对称的？下节分析模糊函数性质时将具体阐述。

4.2.3 分辨力的决定因素

1. 距离分辨力

按照式(4.12)，$\chi(\tau,0)$ 是 $|U(f)|^2$ 的傅里叶变换，简记为 $|U(f)|^2 \leftrightarrow \chi(\tau,0)$，此处用符号"$\leftrightarrow$"连接傅里叶变换对，其右边的表达式为左边函数的傅里叶变换。设 $|\chi(\tau,0)|$ 的第一零点为 $\pm\tau_0$，根据傅里叶变换的尺度变换性质，如式(4.16)，可得式(4.17)。

$$x(t)\leftrightarrow X(f)\Rightarrow x(at)\leftrightarrow\frac{1}{|a|}X\left(\frac{f}{a}\right) \tag{4.16}$$

$$\left|U\left(\frac{f}{a}\right)\right|^2\leftrightarrow|a|\cdot\chi(a\tau,0) \tag{4.17}$$

若设 $\chi'(\tau,0)=\chi(a\tau,0)$，则 $|\chi'(\tau,0)|$ 的第一零点应为 $\pm\tau_0/a$。如果取 $|a|>1$，则 $|\chi'(\tau,0)|$ 的第一零点比 $|\chi(\tau,0)|$ 的第一零点小，所以说 $|\chi'(\tau,0)|$ 相对于 $|\chi(\tau,0)|$ 而言，其瑞利距离分辨力提高了。这个提高距离分辨力的效果，是由将 $|U(f)|^2$ 变换为

$|U(f/a)|^2$ 导致的；$|U(f/a)|^2$ 相对于 $|U(f)|^2$ 而言，在 f 域上的尺度展宽为 $|a|$ 倍；或者说 $|U(f/a)|$ 相对于 $|U(f)|$ 而言，在 f 域上尺度展宽为 $|a|$ 倍。如果用 $|U(f)|$ 的带宽 f_{BW}（如用第一零点带宽或 3dB 带宽描述，还有其他的带宽描述方式，见后续讨论）作为 $|U(f)|$ 在 f 域上尺度的衡量指标，那么根据 $|U(f/a)|$ 的带宽为 $|a|f_{BW}$ 能够使原距离分辨力 $\pm\tau_0$ 提高为 $\pm\tau_0/a$，可以得出结论，若要提高距离分辨力，需要拓宽信号的频带宽度，带宽越大，距离分辨力就越高。

如果抛开模糊函数，这个结论放在具体的雷达系统中该如何理解？首先来看 $|U(f)|^2$ 是什么？根据式（3.16），它是雷达工作波形 $u(t)$ 对载波调制发射、返回雷达接收机、经下变频到中频、正交相位检波和匹配滤波后，输出信号 $s_o(t)$ 的幅频特性函数。

对于这个 $s_o(t)$ 信号，它的第一零点越小在距离上分辨两个目标的能力就越强，如图 4.2 所示，因此我们希望 $s_o(t)$ 的第一零点越小越好。而 $s_o(t)$ 的幅频特性函数是 $|U(f)|^2$，同样根据傅里叶变换的尺度变换性质，如果将 $|U(f)|^2$ 在 f 域上展宽 $|a|$ 倍，即使之成为 $|U(f/a)|^2$，取 $|a|>1$，则 $s_o(t)$ 将变为 $s'_o(t)=s_o(t/a)$，显然 $s'_o(t)$ 的第一零点比 $s_o(t)$ 的第一零点小，于是距离分辨力提高了。因此，要让 $s_o(t)$ 的距离分辨力好，需要拓宽 $|U(f)|^2$ 在 f 域上的尺度，实质也就是拓宽 $|U(f)|$ 在 f 域上的尺度；如果仍然用 $|U(f)|$ 的带宽 f_{BW} 作为 $|U(f)|$ 在 f 域上尺度的衡量指标，结论依然是需要使 $|U(f)|$ 的带宽增大。

因此得到结论是，$u(t)$ 的带宽决定了匹配滤波后信号的距离

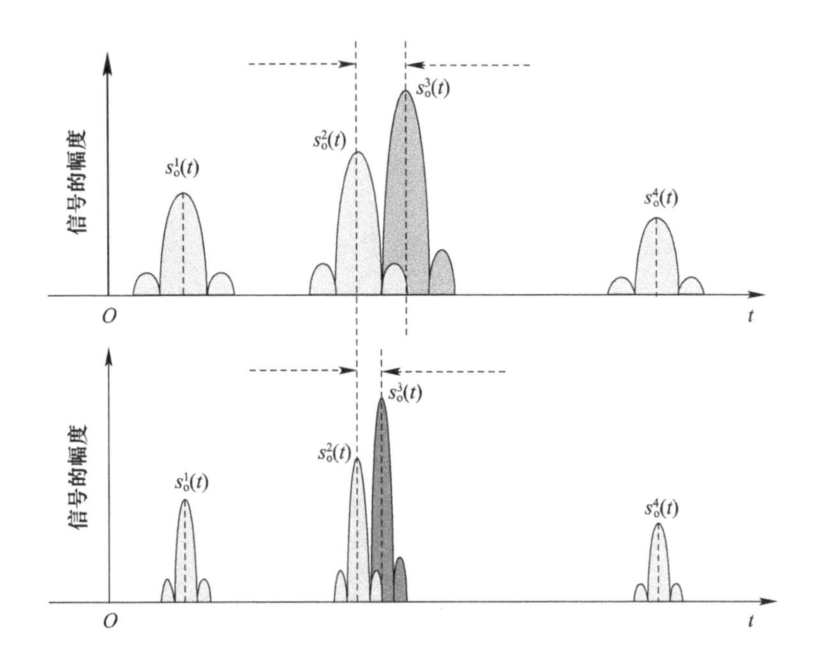

图 4.2　匹配滤波后信号距离分辨示意图

分辨力。匹配滤波是雷达系统中广泛采用的技术,目标在距离上的分辨都是匹配滤波之后进行的,所以也就可以直接说带宽决定距离分辨力了。这个结论与根据模糊函数讨论的结果是一致的,即带宽越大,距离分辨力越好。

通过上面的分析,我们发现信号带宽越宽,会同时导致 $|\chi(\tau,0)|$ 和 $s_o(t)$ 的第一零点越小。那么,$|\chi(\tau,0)|$ 与匹配滤波后的输出信号 $s_o(t)$ 是否有关联?这个问题本章后续将进行讨论。

2. 速度分辨力

按照式(4.13)可知,$\chi(0,\xi)$ 是 $|u(t)|^2$ 的傅里叶反变换,即 $\chi(0,\xi)\leftrightarrow|u(t)|^2$。同样,根据傅里叶变换的尺度变换性质,$|u(t)|^2$ 在 t 域的尺度越宽,$|\chi(0,\xi)|$ 的第一零点就越

小，于是速度瑞利分辨力就越高。显然，只有$|u(t)|$在t域的尺度足够宽，$|u(t)|^2$在t域的尺度才能满足要求。因此可以得到结论，即信号时宽决定速度分辨力，时宽越大速度分辨力越高。

但是需要说明的是，在不进行速度测量或速度识别的雷达系统中，并没有一个环节在利用$|u(t)|^2$或$|u(t)|$的时间尺度进行速度分辨；因此，信号时宽、$\chi(0,\xi)$只是说明了波形$u(t)$具有潜在的速度分辨力是多少，雷达系统没有去真正发挥这个潜力，也就谈不上去讨论速度分辨力的问题了。对于进行速度测量或速度识别的常规雷达系统，其利用时间尺度的方式采用了等效时宽的思想，时间尺度隐含在处理过程中，这与匹配滤波直接产生$|U(f)|^2$并作用于距离分辨不同，这一点将在后续章节中讲述。

3. 带宽与时宽

在上面关于距离分辨力与速度分辨力决定因素的讨论中，我们提到了带宽和时宽，那么信号的时宽和带宽应该怎样描述？这里主要介绍3种。

（1）第一零点/3dB时宽、第一零点/3dB带宽。第一零点带宽、3dB带宽，这两种描述带宽的方式都易于理解，也较为常用。套用这个描述方式，也可以用第一零点宽度、3dB宽度来表示时宽。

（2）有效相关时宽、有效相关带宽。在式（4.15）中，给出了时延分辨常数A_τ与多普勒分辨常数A_ξ的定义式，它们的倒数称为有效相关带宽f_{BW}、有效相关时宽t_{BW}，如下式所示。

$$
\begin{cases}
f_{\mathrm{BW}} = \dfrac{\left|\int |U(f)|^2 \mathrm{d}f\right|^2}{\int |U(f)|^4 \mathrm{d}f} \\
t_{\mathrm{BW}} = \dfrac{\left|\int |u(t)|^2 \mathrm{d}t\right|^2}{\int |u(t)|^4 \mathrm{d}t}
\end{cases}
\tag{4.18}
$$

（3）均方根时宽、均方根带宽。在现代信号处理领域，描述带宽、时宽还有一套计算方法，其基本思想是先计算信号的时间中心、频率中心，再计算信号相对于时间中心的时间宽度、相对于频率中心的频带宽度，从而得到时宽和带宽。设信号 $x(t)$ 的傅里叶变换为 $X(f)$，则该信号的能量 E 为

$$
E = \int |x(t)|^2 \mathrm{d}t = \int |X(f)|^2 \mathrm{d}f \tag{4.19}
$$

信号 $x(t)$ 的时间中心 t_0、频率中心 f_0 定义为

$$
\begin{cases}
t_0 = \dfrac{1}{E}\int t\, |x(t)|^2 \mathrm{d}t \\
f_0 = \dfrac{1}{E}\int f\, |X(f)|^2 \mathrm{d}f
\end{cases}
\tag{4.20}
$$

信号 $x(t)$ 的时间宽度（时宽）t_{BW}、频带宽度（带宽）f_{BW} 定义为 $t_{\mathrm{BW}} = 2\Delta_t$、$f_{\mathrm{BW}} = 2\Delta_f$，其中 Δ_t、Δ_f 的定义为

$$
\begin{cases}
\Delta_t^2 = \dfrac{1}{E}\int (t - t_0)^2\, |x(t)|^2 \mathrm{d}t \\
\Delta_f^2 = \dfrac{1}{E}\int (f - f_0)^2\, |X(f)|^2 \mathrm{d}f
\end{cases}
\tag{4.21}
$$

由于该定义可理解为 t、f 分别相对于中心 t_0、f_0 求离差的平

方，再用$|x(t)|^2$、$|X(f)|^2$加权求和，然后对能量E求平均，其计算过程与方差的计算相似，所以Δ_t称为均方根时宽，Δ_f称为均方根带宽。Δ_t、Δ_f可看作是分别描述了信号在时域、频域相对于中心t_0、f_0的离散度，因此用它们来描述信号的时间尺度、频率尺度显然是恰当的。式(4.21)可展开为

$$\begin{cases}\Delta_t^2 = \dfrac{1}{E}\int t^2 \, |x(t)|^2 \mathrm{d}t - \dfrac{2}{E}t_0\int t \, |x(t)|^2 \mathrm{d}t + \dfrac{1}{E}t_0^2\int |x(t)|^2 \mathrm{d}t \\ \Delta_f^2 = \dfrac{1}{E}\int f^2 \, |X(f)|^2 \mathrm{d}f - \dfrac{2}{E}f_0\int f \, |X(f)|^2 \mathrm{d}f + \dfrac{1}{E}f_0^2\int |X(f)|^2 \mathrm{d}f \end{cases} \tag{4.22}$$

进一步化简，得

$$\begin{cases}\Delta_t^2 = \dfrac{1}{E}\int t^2 \, |x(t)|^2 \mathrm{d}t - t_0^2 \\ \Delta_f^2 = \dfrac{1}{E}\int f^2 \, |X(f)|^2 \mathrm{d}f - f_0^2 \end{cases} \tag{4.23}$$

式中：$t_{\mathrm{BW}} \cdot f_{\mathrm{BW}}$称为时宽带宽积，其值显然与$\Delta_t^2 \cdot \Delta_f^2$关系密切。考虑$x(t)$是实偶函数的情况，根据傅里叶变换的奇偶性质，$X(f)$也必然是偶函数，因此有式(4.24)。

$$\begin{cases}t_0 = \dfrac{1}{E}\int t \, |x(t)|^2 \mathrm{d}t = \dfrac{1}{E}\int_{-\infty}^{+\infty} t \, |x(-t)|^2 \mathrm{d}t \\ \quad = \dfrac{1}{E}\int_{+\infty}^{-\infty} t \, |x(t)|^2 \mathrm{d}t = -t_0 \\ f_0 = \dfrac{1}{E}\int f \, |X(f)|^2 \mathrm{d}f = \dfrac{1}{E}\int_{-\infty}^{+\infty} f \, |X(-f)|^2 \mathrm{d}f \\ \quad = \dfrac{1}{E}\int_{+\infty}^{-\infty} f \, |X(f)|^2 \mathrm{d}f = -f_0 \end{cases} \tag{4.24}$$

于是可知 $t_0=0$、$f_0=0$。假设 $x(t)$ 是能量归一化的信号，那么 $\Delta_t^2\cdot\Delta_f^2$ 可用式(4.25)计算。

$$\begin{aligned}\Delta_t^2\cdot\Delta_f^2 &= \left[\int t^2\,|x(t)|^2\mathrm{d}t\right]\cdot\left[\int f^2\,|X(f)|^2\mathrm{d}f\right]\\ &= \left[\int t^2\,|x(t)|^2\mathrm{d}t\right]\cdot\left[\int |fX(f)|^2\mathrm{d}f\right]\end{aligned}\tag{4.25}$$

由于 $X(f)$ 是 $x(t)$ 的傅里叶变换，即 $x(t)\leftrightarrow X(f)$，根据傅里叶变换的时域微分性质，有

$$x(t)\leftrightarrow X(f)\Rightarrow x^{(n)}(t)\leftrightarrow(\mathrm{j}2\pi f)^nX(f)\tag{4.26}$$

所以 $x'(t)\leftrightarrow\mathrm{j}2\pi f\cdot X(f)$，于是 $x'(t)$ 的能量可用 $\int|\mathrm{j}2\pi f\cdot X(f)|^2\mathrm{d}f$ 计算，故有

$$\int|fX(f)|^2\mathrm{d}f=\frac{1}{4\pi^2}\cdot\int|x'(t)|^2\mathrm{d}t\tag{4.27}$$

将式(4.27)代入式(4.25)，得

$$\Delta_t^2\cdot\Delta_f^2=\frac{1}{4\pi^2}\cdot\left[\int t^2\,|x(t)|^2\mathrm{d}t\right]\cdot\left[\int|x'(t)|^2\mathrm{d}t\right]\tag{4.28}$$

根据施瓦茨不等式，式(4.28)可变换为

$$\Delta_t^2\cdot\Delta_f^2\geqslant\frac{1}{4\pi^2}\cdot\left|\int tx(t)\cdot x'(t)\mathrm{d}t\right|^2\tag{4.29}$$

式(4.29)表明，$\Delta_t^2\cdot\Delta_f^2$ 有最小值，且在 $tx(t)=kx'(t)$ 时取到最小值。按照分部积分法，有

$$\int tx(t)\cdot x'(t)\mathrm{d}t=t\,|x(t)|^2-\int|x(t)|^2\mathrm{d}t-\int tx(t)\cdot x'(t)\mathrm{d}t\tag{4.30}$$

式(4.30)中，$\int |x(t)|^2 \mathrm{d}t$ 为 $x(t)$ 的能量，由于进行了能量归一化，因此 $\int |x(t)|^2 \mathrm{d}t = 1$ 。若选取的 $x(t)$ 能够满足

$$\lim_{|t| \to +\infty} t |x(t)|^2 = 0 \tag{4.31}$$

则根据式(4.30)、式(4.31)，有

$$\int t x(t) \cdot x'(t) \mathrm{d}t = -\frac{1}{2} \tag{4.32}$$

结合式(4.29)、式(4.32)，得

$$\Delta_t^2 \cdot \Delta_f^2 \geqslant \frac{1}{16\pi^2}, \quad \Delta_t \cdot \Delta_f \geqslant \frac{1}{4\pi}, \quad t_{\mathrm{BW}} \cdot f_{\mathrm{BW}} = 2\Delta_t \cdot 2\Delta_f \geqslant \frac{1}{\pi} \tag{4.33}$$

是否存在能量归一化的实偶函数 $x(t)$ 能够使 $tx(t) = kx'(t)$ 成立，且满足式的极限条件？答案是肯定的，例如 $x(t) = (\alpha/\pi)^{1/4} \cdot \mathrm{e}^{-\frac{\alpha}{2}t^2}$，因此其基于均方根时宽 Δ_t、均方根带宽 Δ_f 定义的时宽带宽积 $t_{\mathrm{BW}} \cdot f_{\mathrm{BW}}$ 取到不等式最小值，即有 $t_{\mathrm{BW}} \cdot f_{\mathrm{BW}} = 1/\pi$；当任意给定的信号 $x(t)$ 不满足上述条件时，其基于均方根时宽 Δ_t、均方根带宽 Δ_f 定义的时宽带宽积大于 2，即有 $t_{\mathrm{BW}} \cdot f_{\mathrm{BW}} > 1/\pi$。

需要说明的是，在很多文献中采用的 Δ_t^2 和 Δ_f^2 定义如下式所示。

$$\begin{cases} \Delta_t^2 = \dfrac{4\pi^2}{E} \displaystyle\int (t - t_0)^2 |x(t)|^2 \mathrm{d}t \\ \Delta_f^2 = \dfrac{4\pi^2}{E} \displaystyle\int (f - f_0)^2 |X(f)|^2 \mathrm{d}f \end{cases} \tag{4.34}$$

即与式(4.21)中采用的定义相差了一个系数 $4\pi^2$。若按照

式(4.34)的定义,可以得到式(4.35)。

$$\Delta_t^2 \cdot \Delta_f^2 \geqslant \pi^2, \quad \Delta_t \cdot \Delta_f \geqslant \pi, \quad t_{\mathrm{BW}} \cdot f_{\mathrm{BW}} = 2\Delta_t \cdot 2\Delta_f \geqslant 4\pi \tag{4.35}$$

4. 均方根带宽、均方根时宽对分辨力的影响

上面3组关于时宽、带宽的定义虽不同,但它们都是信号 $u(t)$ 的固有属性,对于分辨力的决定趋势也都是相同的,即信号 $u(t)$ 的带宽决定距离分辨力,带宽越大,距离分辨力就越高;$u(t)$ 的时宽决定速度分辨力,时宽越大,速度分辨力越高。但是这样定性的描述并没有说清带宽与分辨力的确切数学关系,下面来具体分析一下。

设能量归一化信号 $u(t)$ 的距离模糊图为 $|\chi(\tau,0)|$,前面讲到以 $|\chi(\tau,0)|$ 的第一零点 $\pm\tau_0$ 作为距离分辨力的度量,那么第一零点 $\pm\tau_0$ 的大小究竟由什么来决定。

$|\chi(\tau,0)|$ 的第一零点显然也是 $|\chi(\tau,0)|^2$ 的第一零点。设 $f(\tau)=|\chi(\tau,0)|^2$,将 $f(\tau)$ 在 $\tau=0$ 处展开成泰勒级数,有

$$f(\tau) = f(\tau)|_{\tau=0} + \tau \cdot f'(\tau)|_{\tau=0} + \frac{1}{2!}\tau^2 \cdot f''(\tau)|_{\tau=0} + \cdots \tag{4.36}$$

由于 $f(\tau)=|\chi(\tau,0)|^2$ 在 $\tau=0$ 处有最大值,因此 $f'(\tau)|_{\tau=0} = 0$,略掉3阶以上求导,有

$$f(\tau) \approx |\chi(0,0)|^2 + \frac{1}{2}\tau^2 \cdot f''(\tau)|_{\tau=0} \tag{4.37}$$

对 $f(\tau)=|\chi(\tau,0)|^2=\chi^*(\tau,0)\cdot\chi(\tau,0)$ 求2阶导数,如式(4.38)、式(4.39)所示。

$$f'(\tau)=\chi^{*\prime}(\tau,0)\cdot\chi(\tau,0)+\chi^{*}(\tau,0)\cdot\chi'(\tau,0) \tag{4.38}$$

$$f''(\tau)=\frac{\mathrm{d}f'(\tau)}{\mathrm{d}\tau}=\chi^{*\prime\prime}(\tau,0)\cdot\chi(\tau,0)+ 2\cdot\chi^{*\prime}(\tau,0)\cdot\chi'(\tau,0)+\chi^{*}(\tau,0)\cdot\chi''(\tau,0) \tag{4.39}$$

由于$\chi(\tau,0)$是$|U(f)|^2$的傅里叶变换，即$|U(f)|^2\leftrightarrow\chi(\tau,0)$，根据傅里叶变换的频域微分性质，$x(t)\leftrightarrow X(f)\Rightarrow(-\mathrm{j}2\pi t)^n x(t)\leftrightarrow X^{(n)}(f)$，得

$$\begin{cases}\chi(\tau,0)=\int|U(f)|^2\mathrm{e}^{-\mathrm{j}2\pi f\tau}\mathrm{d}f\\ \chi'(\tau,0)=\int-\mathrm{j}2\pi f|U(f)|^2\mathrm{e}^{-\mathrm{j}2\pi f\tau}\mathrm{d}f\\ \chi''(\tau,0)=\int(-\mathrm{j}2\pi f)^2|U(f)|^2\mathrm{e}^{-\mathrm{j}2\pi f\tau}\mathrm{d}f\end{cases} \tag{4.40}$$

将$\tau=0$代入式(4.40)，得

$$\begin{cases}\chi(\tau,0)|_{\tau=0}=\int|U(f)|^2\mathrm{d}f=1\\ \chi'(\tau,0)|_{\tau=0}=-\mathrm{j}2\pi\int f|U(f)|^2\mathrm{d}f=-\chi^{*\prime}(\tau,0)|_{\tau=0}\\ \chi''(\tau,0)|_{\tau=0}=-4\pi^2\int f^2|U(f)|^2\mathrm{d}f=\chi^{*\prime\prime}(\tau,0)|_{\tau=0}\end{cases} \tag{4.41}$$

根据式(4.39)、式(4.41)，得

$$\begin{aligned}f''(\tau)|_{\tau=0}&=-8\pi^2\int f^2|U(f)|^2\mathrm{d}f+8\pi^2\left[\int f|U(f)|^2\mathrm{d}f\right]^2\\&=-8\pi^2\cdot\left[\int f^2|U(f)|^2\mathrm{d}f-\left[\int f|U(f)|^2\mathrm{d}f\right]^2\right]\end{aligned} \tag{4.42}$$

若设$f_0=\int f\,|U(f)|^2\mathrm{d}f$,根据式(4.23),结合能量归一化的前提条件,式(4.42)可化简为

$$f''(\tau)\big|_{\tau=0}=-8\pi^2\cdot\left[\int f^2|U(f)|^2\mathrm{d}f-f_0^2\right]=-8\pi^2\cdot\Delta_f^2 \tag{4.43}$$

于是将式(4.43)代入式(4.37)可知:

$$f(\tau)=|\chi(\tau,0)|^2\approx 1-4\tau^2\cdot\pi^2\cdot\Delta_f^2 \tag{4.44}$$

使$f(\tau)=0$的τ值即为零点τ_0,所以由求解$1-4\tau^2\cdot\pi^2\cdot\Delta_f^2=0$得到$\tau_0$:

$$\tau_0=\pm\frac{1}{2\pi\Delta_f} \tag{4.45}$$

若使用式(4.34)中均方根带宽的定义,可以得到下式:

$$\tau_0=\pm\frac{1}{\Delta_f} \tag{4.46}$$

通过上述推导,可得出结论:距离模糊图第一零点与均方根带宽Δ_f成反比,即瑞利距离分辨力与均方根带宽Δ_f成反比,均方根带宽Δ_f越大距离分辨力越好。

同理可证,若使用式(4.34)中均方根时宽的定义,可得

$$\xi_0=\pm\frac{1}{\Delta_t} \tag{4.47}$$

如式(4.47)所示,速度模糊图第一零点与均方根时宽Δ_t成反比,即瑞利速度分辨力与均方根时宽Δ_f成反比,均方根时宽Δ_t越大速度分辨力越好。

4.3 模糊函数基本性质

4.3.1 唯一性

设 $u_1(t)$ 的模糊函数为 $\chi_1(\tau,\xi)$，$u_2(t)$ 的模糊函数为 $\chi_2(\tau,\xi)$，若 $u_1(t)=c\cdot u_2(t)$，当且仅当 $|c|=1$ 时，$\chi_1(\tau,\xi)=\chi_2(\tau,\xi)$。

证明如下：

$$
\begin{aligned}
\chi_1(\tau,\xi) &= \int u_1(t)u_1^*(t+\tau)\mathrm{e}^{\mathrm{j}2\pi\xi t}\mathrm{d}t \\
&= \int c\cdot u_2(t)\cdot c^*\cdot u_2^*(t+\tau)\mathrm{e}^{\mathrm{j}2\pi\xi t}\mathrm{d}t \\
&= |c|^2\cdot\int u_2(t)u_2^*(t+\tau)\mathrm{e}^{\mathrm{j}2\pi\xi t}\mathrm{d}t \\
&= |c|^2\cdot\chi_2(\tau,\xi)
\end{aligned}
\tag{4.48}
$$

易知，当且仅当 $|c|=1$ 时，$\chi_1(\tau,\xi)=\chi_2(\tau,\xi)$，得证。

4.3.2 原点对称性

$$
|\chi(-\tau,-\xi)| = |\chi^*(\tau,\xi)| \doteq |\chi(\tau,\xi)| \tag{4.49}
$$

证明如下：

$$
|\chi(-\tau,-\xi)| = \left|\int u(t)u^*(t-\tau)\mathrm{e}^{-\mathrm{j}2\pi\xi t}\mathrm{d}t\right| \tag{4.50}
$$

取 $t-\tau=t'$ 代入，得

$$
\begin{aligned}
|\chi(-\tau,-\xi)| &= \left|\int u(t'+\tau)u^*(t')\mathrm{e}^{-\mathrm{j}2\pi\xi(t'+\tau)}\mathrm{d}t'\right| \\
&= \left|\mathrm{e}^{-\mathrm{j}2\pi\xi\tau}\int u(t'+\tau)u^*(t')\mathrm{e}^{-\mathrm{j}2\pi\xi t'}\mathrm{d}t'\right| \\
&= \left|\left[\int u(t')u^*(t'+\tau)\mathrm{e}^{\mathrm{j}2\pi\xi t'}\mathrm{d}t'\right]^*\right| \\
&= |\chi(\tau,\xi)| \qquad (4.51)
\end{aligned}
$$

得证。由该性质可得，$|\chi(-\tau,0)| = |\chi(\tau,0)|$，$|\chi(0,-\xi)| = |\chi(0,\xi)|$。所以距离模糊图和速度模糊图都是偶对称的，因此前文讨论分辨力时，给出的值都是对称的。

4.3.3 原点处有极大值

$$
|\chi(\tau,\xi)|^2 \leqslant |\chi(0,0)|^2 = (2E)^2 \qquad (4.52)
$$

根据施瓦茨不等式，见式(3.11)，证明如下：

$$
\begin{aligned}
|\chi(\tau,\xi)|^2 &= \left|\int u(t)u^*(t+\tau)\mathrm{e}^{\mathrm{j}2\pi\xi t}\mathrm{d}t\right|^2 \\
&\leqslant \left[\int |u(t)\mathrm{e}^{\mathrm{j}2\pi\xi t}|^2\mathrm{d}t\right]\cdot\left[\int |u^*(t+\tau)|^2\mathrm{d}t\right] \\
&= \left[\int |u(t)|^2\mathrm{d}t\right]\cdot\left[\int |u^*(t+\tau)|^2\mathrm{d}t\right] \\
&= (2E)^2 \qquad (4.53)
\end{aligned}
$$

式(4.53)中，$2E$ 为 $u(t)$ 的能量。不等式取等号的条件为 $u(t)\mathrm{e}^{\mathrm{j}2\pi\xi t} = k\cdot u(t+\tau)$，此等式对于任意的 $u(t)$ 都成立，故可得到 $\tau=0$、$\xi=0$，即 $|\chi(0,0)|^2=(2E)^2$，得证。

4.3.4 模糊体积不变性

$$\left|\iint |\chi(\tau,\xi)|^2 \mathrm{d}\tau\mathrm{d}\xi\right| = (2E)^2 \tag{4.54}$$

证明如下：

$$\begin{aligned}\iint |\chi(\tau,\xi)|^2 \mathrm{d}\tau\mathrm{d}\xi &= \iint \chi^*(\tau,\xi)\chi(\tau,\xi)\mathrm{d}\tau\mathrm{d}\xi \\ &= \iint \left[\int u(t)u^*(t+\tau)\mathrm{e}^{\mathrm{j}2\pi\xi t}\mathrm{d}t\right]^* \cdot \\ &\quad \left[\int U(f)U^*(f+\xi)\mathrm{e}^{-\mathrm{j}2\pi(f+\xi)\tau}\mathrm{d}f\right]\mathrm{d}\tau\mathrm{d}\xi\end{aligned} \tag{4.55}$$

令 $f+\xi=f'$，代入得

$$\begin{aligned}\iint |\chi(\tau,\xi)|^2 \mathrm{d}\tau\mathrm{d}\xi &= \iint \left[\int u^*(t)u(t+\tau)\mathrm{e}^{-\mathrm{j}2\pi\xi t}\mathrm{d}t\right] \cdot \\ &\quad \left[\int U(f'-\xi)U^*(f')\mathrm{e}^{-\mathrm{j}2\pi f'\tau}\mathrm{d}f'\right]\mathrm{d}\tau\mathrm{d}\xi \\ &= \iint\iint u^*(t)u(t+\tau)\mathrm{e}^{-\mathrm{j}2\pi\xi t}U(f'-\xi)U^*(f')\mathrm{e}^{-\mathrm{j}2\pi f'\tau}\mathrm{d}t\mathrm{d}f\mathrm{d}\tau\mathrm{d}\xi \\ &= \iint u^*(t)U^*(f')\left[\int u(t+\tau)\mathrm{e}^{-\mathrm{j}2\pi f'\tau}\mathrm{d}\tau\right] \cdot \\ &\quad \left[\int U(f'-\xi)\mathrm{e}^{-\mathrm{j}2\pi\xi t}\mathrm{d}\xi\right]\mathrm{d}t\mathrm{d}f'\end{aligned} \tag{4.56}$$

式(4.56)中，两个一重积分项求解如式(4.57)所示。

$$\begin{cases}\int u(t+\tau)\mathrm{e}^{-\mathrm{j}2\pi f\tau}\mathrm{d}\tau = \mathrm{e}^{\mathrm{j}2\pi ft}U(f) \\ \int U(f-\xi)\mathrm{e}^{-\mathrm{j}2\pi\xi t}\mathrm{d}\xi = -\mathrm{e}^{-\mathrm{j}2\pi ft}u(t)\end{cases} \tag{4.57}$$

将式(4.57)代入式(4.56),有

$$\begin{aligned}\iint |\chi(\tau,\xi)|^2 \mathrm{d}\tau \mathrm{d}\xi &= \iint u^*(t) U^*(f)[\mathrm{e}^{\mathrm{j}2\pi ft} U(f)][-\mathrm{e}^{-\mathrm{j}2\pi ft} u(t)] \mathrm{d}t \mathrm{d}f \\ &= -\iint u^*(t) U^*(f) U(f) u(t) \mathrm{d}t \mathrm{d}f \\ &= -\int |u(t)|^2 \mathrm{d}t \cdot \int |U(f)|^2 \mathrm{d}f \\ &= -(2E)^2 \end{aligned} \tag{4.58}$$

将式(4.58)代入式(4.54),得证。

在上述推导中,式(4.58)求体积为什么会出现一个负号?原因是$\chi(\tau,\xi)$的表达式中τ轴和ξ轴的正方向有多种定义方式,如果ξ轴正方向的定义与前面所述相反,那么$\chi(\tau,\xi)$的表达式就会与前面不同,如下式所示:

$$\chi(\tau,\xi) = \int u(t) u^*(t+\tau) \mathrm{e}^{-\mathrm{j}2\pi\xi t} \mathrm{d}t = \int U(f) U^*(f-\xi) \mathrm{e}^{-\mathrm{j}2\pi(f-\xi)\tau} \mathrm{d}f \tag{4.59}$$

按照式(4.59)中$\chi(\tau,\xi)$的定义计算$\iint |\chi(\tau,\xi)|^2 \mathrm{d}\tau \mathrm{d}\xi$,$\xi$轴的积分方向与式(4.58)相反,负号就会消除掉。因此,有没有负号完全是由于τ轴和ξ轴的正方向定义导致的,但都不影响体积不变的结论。

4.4 模糊函数与匹配滤波的关系

设雷达工作波形为$u(t)$,其零中频信号为$u(t)\mathrm{e}^{\mathrm{j}2\pi f_d t}$(此处为了便于分析不考虑时延$t_r$,对后续分析无影响);$u(t)$的匹配滤波

器为 $u^*(-t)$（此处将峰值设计时刻设定为 0），那么让 $u(t)e^{j2\pi f_d t}$ 通过滤波器 $u^*(-t)$ 会得到什么？

$$u(t)e^{j2\pi f_d t}\cdot u^*(-t) = \int u(\tau)e^{j2\pi f_d \tau}u^*(\tau - t)d\tau \quad (4.60)$$

式(4.60)等号右边 t 与 τ 互换，有

$$\int u(\tau)e^{j2\pi f_d \tau}u^*(\tau - t)d\tau = \int u(t)u^*(t-\tau)e^{j2\pi f_d t}dt = \chi(-\tau, f_d) \quad (4.61)$$

$\chi(-\tau, f_d)$ 是将 $\chi(\tau, \xi)$ 沿着 $\xi = f_d$ 切割后，得到的切面包络左右翻转以后的结果。式(4.60)等号左边表示 $u(t)$ 带了频率移动 f_d 后通过匹配滤波器 $u^*(-t)$ 产生的多普勒失配结果。根据式(4.60)、式(4.61)，二者等价，即有式(4.62)。

$$u(t)e^{j2\pi f_d t}\cdot u^*(-t) \equiv \chi(-\tau, f_d) \quad (4.62)$$

在实际的雷达系统中，匹配滤波的输出结果通常会先取模再进行后续处理，因此，有

$$|u(t)e^{j2\pi f_d t}\cdot u^*(-t)| \equiv |\chi(-\tau, f_d)| \quad (4.63)$$

当 $f_d = 0$ 时，匹配滤波输出的信号取模后等价于 $|\chi(-\tau, 0)|$，根据原点对称性，其实就是等价于距离模糊图 $|\chi(\tau, 0)|$。因此，前面分析距离分辨力时，从匹配滤波输出信号的角度分析与从距离模糊图的角度分析，其实是统一的。

4.5 模糊函数与测量精度的关系

测量精度是指雷达对参数测量的精确程度。以测距为例，由

于测距就是测量回波信号的时延 t_r,所以测距精度描述的就是雷达对时延测量的精确程度。如果以回波信号经匹配滤波后的峰值时刻作为回波信号的时延,那么测距原理如图 4.3 所示。

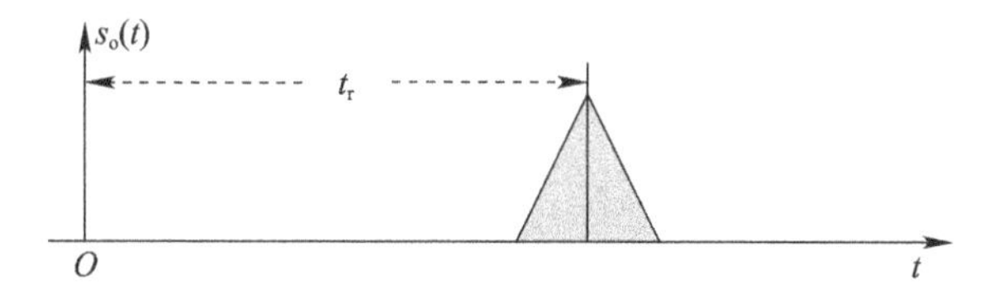

图 4.3　测距原理示意图

但由于回波信号总是包含了噪声,噪声的随机起伏会影响峰值时刻,使其发生随机偏移,如图 4.4 所示,因此时延的测量就会出现偏差,从而测距就会有误差。

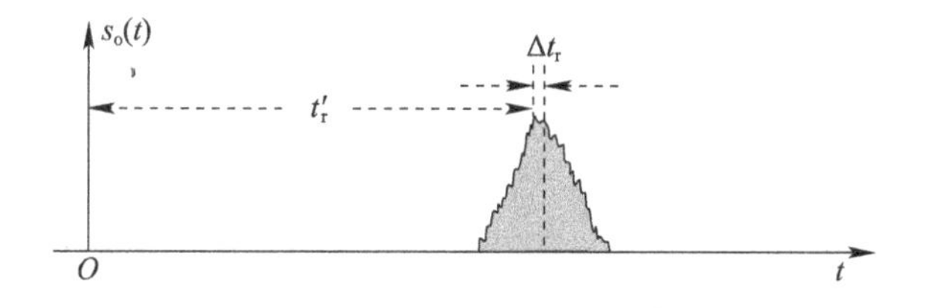

图 4.4　噪声对测距的影响示意图

我们总是希望测量误差越小越好,这样测量才能越精确。那么,这个测量误差最小会是多少?下面来分析一下。首先将场景进行简化,假设雷达工作波形为 $s(t)$,目标距离为 0 且为固定目标,$r(t)$ 由目标回波信号 $s_r(t)$ 和噪声 $n_r^T(t)$ 组成,噪声 $n_r^T(t)$ 为白噪声,功率谱密度为$N_0/2$,如式(4.64)、式(4.65)所示。

$$r(t)=s_r(t)+n_r^T(t) \tag{4.64}$$

$$s_r(t)=s(t-t_r)e^{j2\pi f_d(t-t_r)} \qquad t_r=0,f_d=0 \tag{4.65}$$

雷达在测量时延时,可以考虑这样的方法,即首先让 $s(t)$ 在时

间轴上向右移动 τ 得到 $s(t-\tau)$，然后计算 $s(t-\tau)$ 与 $r(t)$ 的离差平方和，即

$$\varepsilon^2 = \int |s(t-\tau) - r(t)|^2 \mathrm{d}t \tag{4.66}$$

当某个 τ 值使 ε^2 达到最小值时，显然此时平移量 τ 是最接近真实时延的。由于本场景中真实时延是 0，所以 τ 也是最小的测量误差，代表了最大测量精度。

根据式(4.4)，设 $s(t-\tau)$ 的能量为 E_{s}，$r(t)$ 的能量为 E_{r}，式(4.66)可展开为

$$\begin{aligned}
\varepsilon^2 &= \int |s(t-\tau) - r(t)|^2 \mathrm{d}t \\
&= \int |s(t-\tau)|^2 \mathrm{d}t + \int |r(t)|^2 \mathrm{d}t - \int 2\mathrm{Re}[s^*(t-\tau) \cdot r(t)] \mathrm{d}t \\
&= E_{\mathrm{s}} + E_{\mathrm{r}} - 2\mathrm{Re}\left[\int s^*(t-\tau) \cdot r(t) \mathrm{d}t\right] \geqslant \\
&\quad E_{\mathrm{s}} + E_{\mathrm{r}} - 2\left|\int s^*(t-\tau) \cdot r(t) \mathrm{d}t\right|
\end{aligned} \tag{4.67}$$

将式(4.64)、式(4.65)代入 $\int s^*(t-\tau) \cdot r(t) \mathrm{d}t$，得

$$\begin{aligned}
\int s^*(t-\tau) \cdot r(t) \mathrm{d}t &= \int s^*(t-\tau) \cdot [s_{\mathrm{r}}(t) + n_{\mathrm{r}}^T(t)] \mathrm{d}t \\
&= \int s^*(t-\tau) \cdot s_{\mathrm{r}}(t) \mathrm{d}t + \int s^*(t-\tau) \cdot n_{\mathrm{r}}^T(t) \mathrm{d}t \\
&= \int s^*(t-\tau) \cdot s(t) \mathrm{d}t + \int s^*(t-\tau) \cdot n_{\mathrm{r}}^T(t) \mathrm{d}t \\
&= \chi(-\tau, 0) + \int s^*(t-\tau) \cdot n_{\mathrm{r}}^T(t) \mathrm{d}t
\end{aligned} \tag{4.68}$$

由于$\chi(\tau,0)$是偶函数，所以$\chi(-\tau,0)=\chi(\tau,0)$；若设$\chi_{s,n}(\tau)=\int s^*(t-\tau)\cdot n_r^T(t)\,dt$，则式(4.68)为

$$\int s^*(t-\tau)\cdot r(t)\,dt=\chi(\tau,0)+\chi_{s,n}(\tau) \tag{4.69}$$

当τ使ε^2取最小值时，$\left|\int s^*(t-\tau)\cdot r(t)\,dt\right|$应取最大值，故此时的$\tau$使$\int s^*(t-\tau)\cdot r(t)\,dt$的一阶导数为0，即有

$$\chi'(\tau,0)+\chi'_{s,n}(\tau)=0 \tag{4.70}$$

将$\chi'(\tau,0)$在$\tau=0$处展开成泰勒级数，有

$$\chi(\tau,0)=\chi(\tau,0)|_{\tau=0}+\tau\cdot\chi'(\tau,0)|_{\tau=0}+\frac{1}{2!}\tau^2\cdot\chi''(\tau,0)|_{\tau=0}+\cdots \tag{4.71}$$

由于$\chi(\tau,0)$是偶函数，所以$\tau=0$处全部奇数阶导数为0，因此式(4.71)可转换为

$$\chi(\tau,0)\approx\chi(0,0)+\frac{1}{2}\tau^2\cdot\chi''(\tau,0)|_{\tau=0} \tag{4.72}$$

对式(4.72)两边求导，得

$$\chi'(\tau,0)=\tau\cdot\chi''(\tau,0)|_{\tau=0} \tag{4.73}$$

将式(4.73)代入式(4.70)，整理，得

$$\tau=-\frac{\chi'_{s,n}(\tau)}{\chi''(\tau,0)|_{\tau=0}} \tag{4.74}$$

式(4.74)表明，使ε^2取最小值时的τ值可由该式计算。下面分别求$\chi''(\tau,0)|_{\tau=0}$和$\chi'_{s,n}(\tau)$。由于$\chi(\tau,0)$是$|S(f)|^2$的傅里叶变换，即为$|S(f)|^2\leftrightarrow\chi(\tau,0)$，根据傅里叶变换的频域微分性质

$$x(t) \leftrightarrow X(f) \Rightarrow (-\mathrm{j}2\pi t)^n x(t) \leftrightarrow X^{(n)}(f) \tag{4.75}$$

可得 $-4\pi^2 \cdot f^2 |S(f)|^2 \leftrightarrow \chi''(\tau,0)$，所以有

$$\chi''(\tau,0) = -4\pi^2 \cdot \int f^2 |S(f)|^2 \mathrm{e}^{-\mathrm{j}2\pi f\tau} \mathrm{d}f \tag{4.76}$$

把 $\tau=0$ 代入式(4.76)，得

$$\chi''(\tau,0)\big|_{\tau=0} = -4\pi^2 \cdot \int f^2 |S(f)|^2 \mathrm{d}f \tag{4.77}$$

另一方面，$\chi_{\mathrm{s,n}}(\tau)$ 可看作是 $s^*(t)$ 与 $n_{\mathrm{r}}^T(t)$ 的卷积，所以与 $S^*(f) \cdot N_{\mathrm{r}}^T(f)$ 是傅里叶变换对，即有 $\chi_{\mathrm{s,n}}(\tau) \leftrightarrow S^*(f) \cdot N_{\mathrm{r}}^T(f)$。同样，根据傅里叶变换的时域微分性质，如式(4.26)，有 $\chi'_{\mathrm{s,n}}(\tau) \leftrightarrow \mathrm{j}2\pi f \cdot S^*(f) \cdot N_{\mathrm{r}}^T(f)$。由于 $\chi'_{\mathrm{s,n}}(\tau)$ 包含噪声分量，因此其值不确定，但可计算其均方根值 σ，有

$$\sigma^2 = \lim_{T\to\infty} \frac{1}{T} \int |\chi'_{\mathrm{s,n}}(\tau)|^2 \mathrm{d}\tau \tag{4.78}$$

由于 $\int |\chi'_{\mathrm{s,n}}(\tau)|^2 \mathrm{d}\tau = \int |\mathrm{j}2\pi f \cdot S^*(f) \cdot N_{\mathrm{r}}^T(f)|^2 \mathrm{d}f$，且前面假设了噪声分量为白噪声，功率谱密度为 $N_0/2$，式(4.78)可转换为

$$\begin{aligned}
\sigma^2 &= \lim_{T\to\infty} \frac{1}{T} \int |\mathrm{j}2\pi f \cdot S^*(f) \cdot N_{\mathrm{r}}^T(f)|^2 \mathrm{d}f \\
&= 4\pi^2 \int f^2 \cdot |S(f)|^2 \cdot \left[\lim_{T\to\infty} \frac{1}{T} |N_{\mathrm{r}}^T(f)|^2\right] \mathrm{d}f \\
&= 4\pi^2 \cdot \frac{N_0}{2} \cdot \int f^2 \cdot |S(f)|^2 \mathrm{d}f
\end{aligned} \tag{4.79}$$

所以，均方根值 σ 为

$$\sigma = 2\pi \cdot \sqrt{\frac{N_0}{2}} \cdot \left[\int f^2 \cdot |S(f)|^2 \mathrm{d}f\right]^{\frac{1}{2}} \tag{4.80}$$

将式(4.77)、式(4.80)代入式(4.74),得到 τ 的均方根值 σ_τ,即

$$\sigma_\tau = -\frac{2\pi \cdot \sqrt{\frac{N_0}{2}} \cdot \left[\int f^2 \cdot |S(f)|^2 \mathrm{d}f\right]^{\frac{1}{2}}}{-4\pi^2 \cdot \int f^2 |S(f)|^2 \mathrm{d}f} = \frac{\sqrt{\frac{N_0}{2}}}{2\pi \cdot \left[\int f^2 \cdot |S(f)|^2 \mathrm{d}f\right]^{\frac{1}{2}}} \tag{4.81}$$

联合式(4.23)均方根带宽的定义(实偶函数中心频率 $f_0 = 0$),即

$$\Delta_f = \left[\frac{1}{E}\int f^2 |X(f)|^2 \mathrm{d}f\right]^{\frac{1}{2}} \tag{4.82}$$

代入式(4.81),得

$$\sigma_\tau = \frac{\sqrt{\frac{N_0}{2}}}{2\pi \cdot \left[\int f^2 \cdot |S(f)|^2 \mathrm{d}f\right]^{\frac{1}{2}}} = \frac{\sqrt{\frac{N_0}{2}}}{2\pi \cdot \Delta_f \sqrt{E}} = \frac{1}{2\pi\Delta_f \sqrt{\frac{2E}{N_0}}} \tag{4.83}$$

如果采用式(4.34)给出的均方根带宽 Δ_f 的定义,则有

$$\sigma_\tau = \frac{1}{\Delta_f \sqrt{\frac{2E}{N_0}}} \tag{4.84}$$

于是可知,距离测量精度与信噪比和信号的均方根带宽有关。在信噪比不变的情况下,距离测量精度与信号的均方根带宽成反比,均方根带宽越大,测距误差的均方根越小,测量精度越高。

同理可推导得到测速精度的均方根 σ_ξ,使用均方根时宽 Δ_t 的

式(4.21)、式(4.34)两种定义,得到结果分别如下两式所示:

$$\sigma_{\xi} = \frac{1}{2\pi \cdot \Delta_t \sqrt{\frac{2E}{N_0}}} \tag{4.85}$$

$$\sigma_{\xi} = \frac{1}{\Delta_t \sqrt{\frac{2E}{N_0}}} \tag{4.86}$$

速度测量精度与信噪比和信号的均方根时宽有关。在信噪比不变的情况下,速度测量精度与信号的均方根时宽成反比,均方根时宽越大,测速误差的均方根越小,测量精度越高。

在4.2节中,分析了距离模糊图第一零点与均方根带宽 Δ_f 成反比,速度模糊图第一零点与均方根时宽 Δ_t 成反比。结合式(4.84)、式(4.86),可以得出结论:在信噪比不变的情况下,距离模糊图第一零点与测距误差的均方根成正比,第一零点越小,测距误差的均方根越小,测量精度越高;速度模糊图第一零点与测速误差的均方根成正比,第一零点越小,测速误差的均方根越小,测速精度越高。

通过本章的分析,可以发现模糊图作为信号的固有属性,既能描述信号的潜在分辨力,也能描述信号的潜在测量精度;通过对模糊图的剖分,还能够描述信号带了多普勒频移后,通过匹配滤波器后的输出波形。

第 5 章　典型雷达波形

本章讨论单载频矩形脉冲信号、线性调频矩形脉冲信号、相位编码矩形脉冲信号和相参矩形脉冲串信号 4 类典型雷达工作波形的时频域、模糊函数和波形特点。

5.1　单载频矩形脉冲信号

5.1.1　时频域

单载频矩形脉冲信号是以矩形脉冲调制单一频率载波的信号样式，如图 5.1 所示。

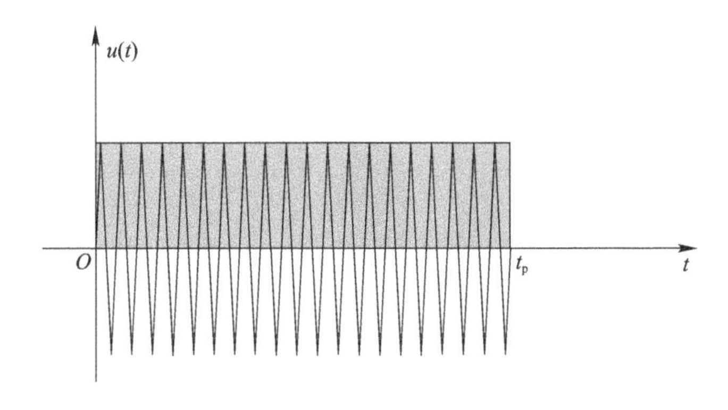

图 5.1　用单载频矩形脉冲信号调制载波

设脉冲宽度为 t_p，幅度为 $1/\sqrt{t_p}$（能量归一化，使模糊图的最大值为1），单载频矩形脉冲信号 $u(t)$ 的时域表达式如式(5.1)所示，时域图形如图5.2所示。

$$u(t)=\begin{cases}\dfrac{1}{\sqrt{t_p}} & (0\leqslant t\leqslant t_p)\\ 0 & (\text{其他})\end{cases} \tag{5.1}$$

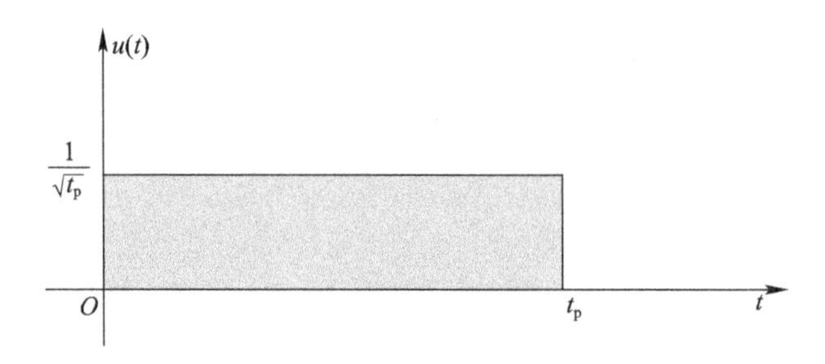

图5.2　单载频矩形脉冲信号时域图

$u(t)$ 的傅里叶变换如式(5.2)所示，幅频特性如图5.3所示。

$$\begin{aligned}U(f) &= \int u(t)\mathrm{e}^{-\mathrm{j}2\pi ft}\mathrm{d}t = \frac{1}{\sqrt{t_p}}\int_0^{t_p}\mathrm{e}^{-\mathrm{j}2\pi ft}\mathrm{d}t\\ &= \frac{1}{\sqrt{t_p}}\cdot\frac{1}{-\mathrm{j}2\pi f}\cdot(\mathrm{e}^{-\mathrm{j}2\pi ft_p}-1)\\ &= \sqrt{t_p}\cdot\frac{1}{\pi ft_p}\cdot\frac{\mathrm{e}^{\mathrm{j}\pi ft_p}-\mathrm{e}^{-\mathrm{j}\pi ft_p}}{2\mathrm{j}}\mathrm{e}^{-\mathrm{j}\pi ft_p}\\ &= \sqrt{t_p}\cdot\frac{\sin(\pi t_p f)}{\pi t_p f}\cdot\mathrm{e}^{-\mathrm{j}\pi ft_p}\\ &= \sqrt{t_p}\cdot Sa(\pi t_p f)\cdot\mathrm{e}^{-\mathrm{j}\pi ft_p}\end{aligned} \tag{5.2}$$

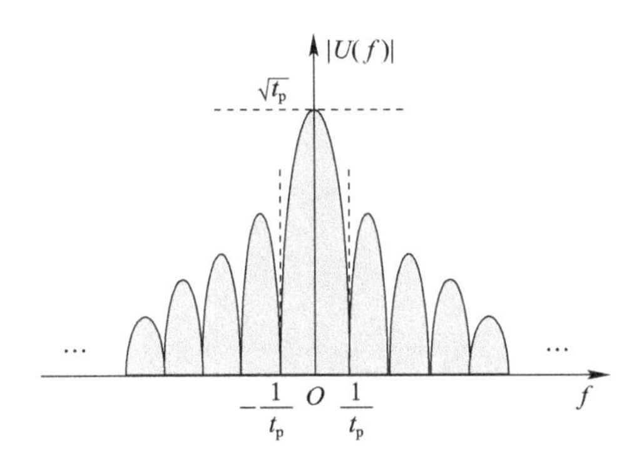

图 5.3　单载频矩形脉冲信号幅频特性图

5.1.2　模糊函数

求解单载频矩形脉冲信号的模糊函数$\chi(\tau,\xi)$，需要分以下 4 种情况讨论，如图 5.4 所示。

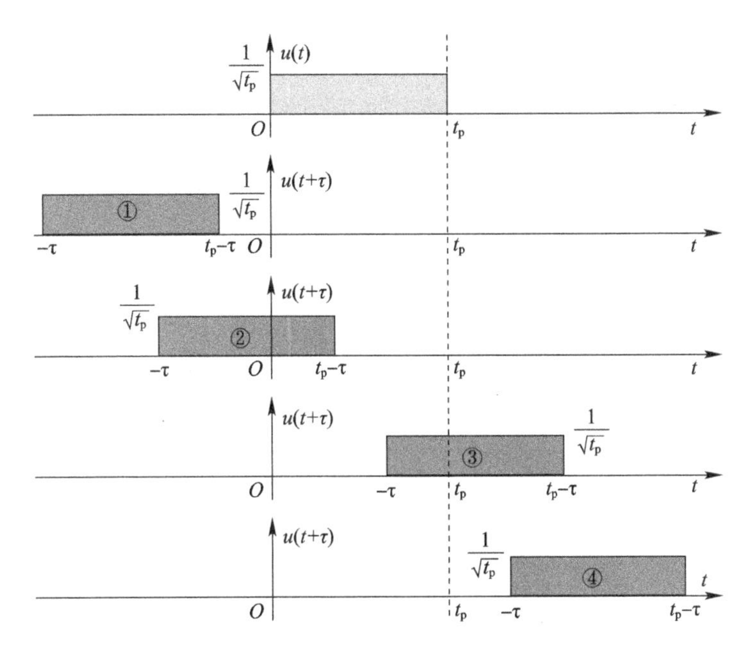

图 5.4　单载频矩形脉冲信号模糊函数求解示意图

(1) $t_p-\tau<0$，即 $\tau>t_p$ 时，$\chi(\tau,\xi)=0$

(2) $0\leqslant t_p-\tau\leqslant t_p$，即 $0\leqslant\tau\leqslant t_p$ 时，有

$$\begin{aligned}\chi(\tau,\xi) &= \frac{1}{t_p}\int_0^{t_p-\tau}\mathrm{e}^{\mathrm{j}2\pi\xi t}\mathrm{d}t = \frac{1}{t_p}\cdot\frac{1}{\mathrm{j}2\pi\xi}\cdot\left[\mathrm{e}^{\mathrm{j}2\pi\xi(t_p-\tau)}-1\right]\\ &= \frac{t_p-\tau}{t_p}\cdot\frac{1}{\pi\xi(t_p-\tau)}\cdot\mathrm{e}^{\mathrm{j}\pi\xi(t_p-\tau)}\cdot\frac{\mathrm{e}^{\mathrm{j}\pi\xi(t_p-\tau)}-\mathrm{e}^{-\mathrm{j}\pi\xi(t_p-\tau)}}{\mathrm{j}2}\\ &= \frac{t_p-\tau}{t_p}\cdot\frac{\sin\left[\pi\xi(t_p-\tau)\right]}{\pi\xi(t_p-\tau)}\cdot\mathrm{e}^{\mathrm{j}\pi\xi(t_p-\tau)}\end{aligned}\tag{5.3}$$

(3) $0\leqslant-\tau\leqslant t_p$，即 $-t_p\leqslant\tau\leqslant0$ 时，有

$$\begin{aligned}\chi(\tau,\xi) &= \frac{1}{t_p}\int_{-\tau}^{t_p}\mathrm{e}^{\mathrm{j}2\pi\xi t}\mathrm{d}t = \frac{1}{t_p}\cdot\frac{1}{\mathrm{j}2\pi\xi}\cdot\left[\mathrm{e}^{\mathrm{j}2\pi\xi t_p}-\mathrm{e}^{-\mathrm{j}2\pi\xi\tau}\right]\\ &= \frac{t_p+\tau}{t_p}\cdot\frac{1}{\pi\xi(t_p+\tau)}\cdot\mathrm{e}^{\mathrm{j}\pi\xi(t_p-\tau)}\cdot\frac{\mathrm{e}^{\mathrm{j}\pi\xi(t_p+\tau)}-\mathrm{e}^{-\mathrm{j}\pi\xi(t_p+\tau)}}{\mathrm{j}2}\\ &= \frac{t_p+\tau}{t_p}\cdot\frac{\sin\left[\pi\xi(t_p+\tau)\right]}{\pi\xi(t_p+\tau)}\cdot\mathrm{e}^{\mathrm{j}\pi\xi(t_p-\tau)}\end{aligned}\tag{5.4}$$

(4) $-\tau>t_p$，即 $\tau<-t_p$ 时，$\chi(\tau,\xi)=0$

合并以上 4 种情况，得

$$\chi(\tau,\xi)=\begin{cases}\dfrac{t_p-|\tau|}{t_p}\cdot\dfrac{\sin[\pi\xi(t_p-|\tau|)]}{\pi\xi(t_p-|\tau|)}\cdot\mathrm{e}^{\mathrm{j}\pi\xi(t_p-\tau)} & (-t_p\leqslant\tau\leqslant t_p)\\ 0 & (\text{其他})\end{cases}\tag{5.5}$$

根据式(5.5)得 $|\chi(\tau,\xi)|$ 如式(5.6)所示，得 $|\chi(\tau,0)|$、$|\chi(0,\xi)|$ 如式(5.7)、式(5.8)所示。

$$
|\chi(\tau,\xi)| = \begin{cases} \dfrac{t_{\mathrm{p}} - |\tau|}{t_{\mathrm{p}}} \cdot \left| \dfrac{\sin[\pi\xi(t_{\mathrm{p}} - |\tau|)]}{\pi\xi(t_{\mathrm{p}} - |\tau|)} \right| & (-t_{\mathrm{p}} \leqslant \tau \leqslant t_{\mathrm{p}}) \\ 0 & (\text{其他}) \end{cases} \tag{5.6}
$$

$$
|\chi(\tau,0)| = \begin{cases} \dfrac{t_{\mathrm{p}} - |\tau|}{t_{\mathrm{p}}} & (-t_{\mathrm{p}} \leqslant \tau \leqslant t_{\mathrm{p}}) \\ 0 & (\text{其他}) \end{cases} \tag{5.7}
$$

$$
|\chi(0,\xi)| = \left| \frac{\sin(\pi\xi t_{\mathrm{p}})}{\pi\xi t_{\mathrm{p}}} \right| \tag{5.8}
$$

距离-速度模糊图、距离模糊图、速度模糊图如图5.5所示。距离模糊图第一零点在$\tau = \pm t_{\mathrm{p}}$，速度模糊图第一零点在$\xi = \pm 1/t_{\mathrm{p}}$。

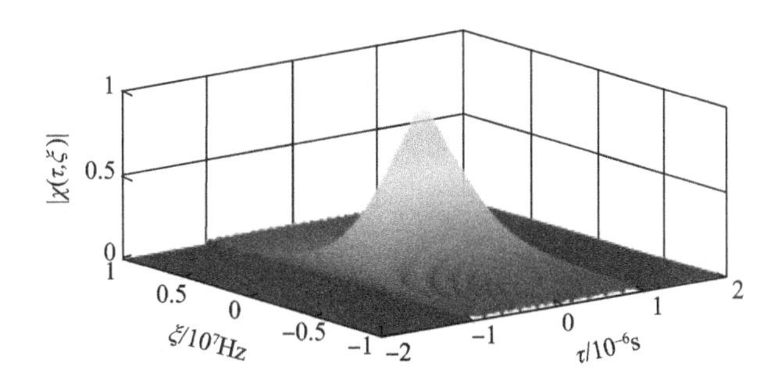

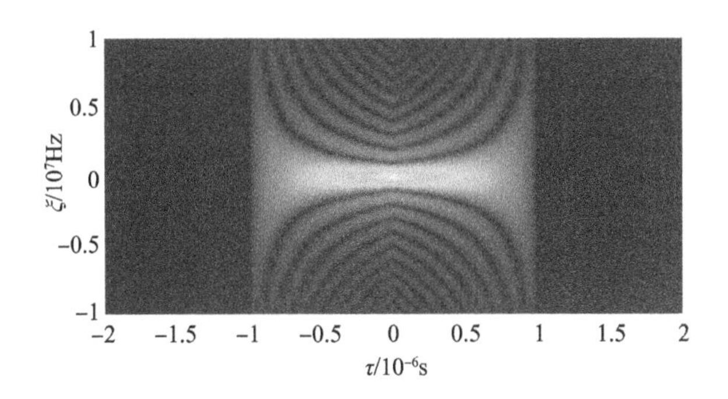

(a) 距离-速度模糊图侧视(上)、距离-速度模糊图俯视(下)

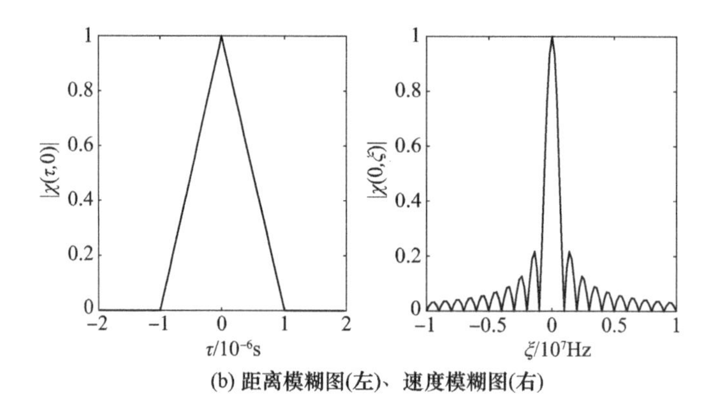

图 5.5　单载频矩形脉冲信号模糊图($t_p = 1\mu s$)

5.1.3　基本特点

单载频矩形脉冲信号的模糊图称为正刀刃型模糊图,瑞利距离分辨力为 t_p,瑞利速度分辨力为 $1/t_p$;不能兼顾雷达作用距离与距离分辨力。

5.2　线性调频矩形脉冲信号

5.2.1　时频域

线性调频矩形脉冲信号是以矩形脉冲对载波进行包络调制,以线性的频率变化对载波频率进行调制的信号样式,如图 5.6 所示。

设 $u_1(t)$ 为单载频矩形脉冲信号,脉冲宽度为 t_p,幅度为 $1/\sqrt{t_p}$;线性调频矩形脉冲信号 $u(t)$ 的带宽为 B,则 $u(t)$ 的时域表达式如式(5.9)所示。B/t_p 或 $2\pi \cdot B/t_p$ 称为调频斜率,二者只是

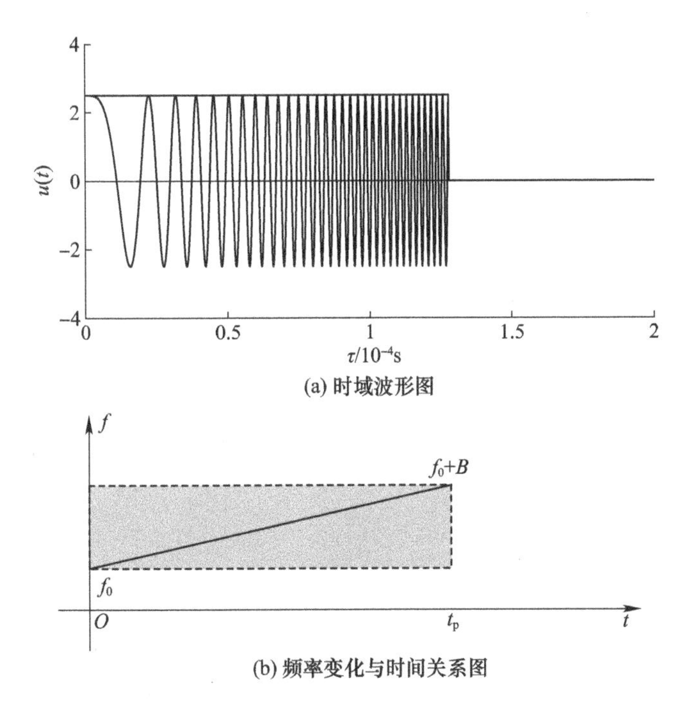

图 5.6　线性调频矩形脉冲信号调制载波示意图

单位不同。

$$u(t)=u_1(t)\mathrm{e}^{\mathrm{j}\pi\frac{B}{t_\mathrm{p}}t^2} \tag{5.9}$$

$u(t)$的傅里叶变换 $U(f)$的推导过程较为复杂,需要引入菲涅耳积分(式(5.10))和中间量(式(5.11))。

$$\begin{cases} c(v) = \int_0^v \cos\left(\dfrac{\pi}{2}x^2\right)\mathrm{d}x \\ s(v) = \int_0^v \sin\left(\dfrac{\pi}{2}x^2\right)\mathrm{d}x \end{cases} \tag{5.10}$$

$$\begin{cases} x_1 = \sqrt{2Bt_\mathrm{p}}\left(\dfrac{1}{2}-\dfrac{f}{B}\right) \\ x_2 = \sqrt{2Bt_\mathrm{p}}\left(\dfrac{1}{2}+\dfrac{f}{B}\right) \end{cases} \tag{5.11}$$

$$
\begin{cases}
|U(f)| = \sqrt{\dfrac{t_{\mathrm{p}}}{2B}} \cdot \sqrt{[c(x_1)+c(x_2)]^2+[s(x_1)+s(x_2)]^2} \\
\varphi(f) = -\pi \dfrac{t_{\mathrm{p}}}{B} f^2 + \arctan \dfrac{s(x_1)+s(x_2)}{c(x_1)+c(x_2)}
\end{cases}
\tag{5.12}
$$

线性调频信号幅频特性如图 5.7 所示。

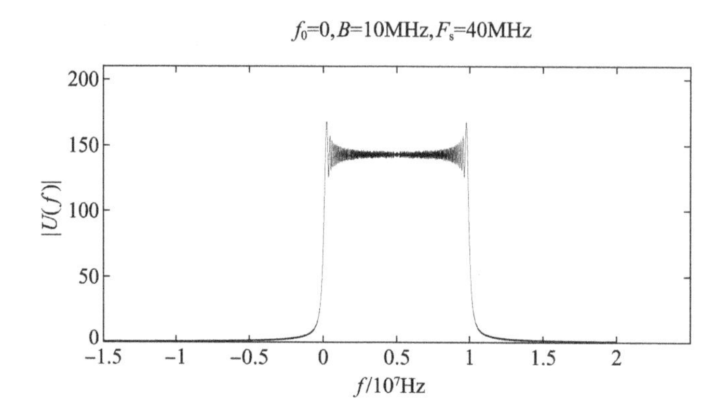

图 5.7　线性调频矩形脉冲信号幅频特性示意图

5.2.2　模糊函数

线性调频矩形脉冲信号的模糊函数$\chi(\tau,\xi)$推导如下：

$$
\begin{aligned}
\chi(\tau,\xi) &= \int u(t)u^*(t+\tau)\mathrm{e}^{\mathrm{j}2\pi\xi t}\mathrm{d}t \\
&= \int u_1(t)\mathrm{e}^{\mathrm{j}\pi\frac{B}{t_{\mathrm{p}}}t^2} u_1^*(t+\tau)\mathrm{e}^{-\mathrm{j}\pi\frac{B}{t_{\mathrm{p}}}(t+\tau)^2}\mathrm{e}^{\mathrm{j}2\pi\xi t}\mathrm{d}t \\
&= \int u_1(t)\mathrm{e}^{\mathrm{j}\pi\frac{B}{t_{\mathrm{p}}}t^2} u_1^*(t+\tau)\mathrm{e}^{-\mathrm{j}\pi\frac{B}{t_{\mathrm{p}}}(t^2+2t\tau+\tau^2)}\mathrm{e}^{\mathrm{j}2\pi\xi t}\mathrm{d}t \\
&= \mathrm{e}^{-\mathrm{j}\pi\frac{B}{t_{\mathrm{p}}}\tau^2}\int u_1(t)u_1^*(t+\tau)\mathrm{e}^{\mathrm{j}2\pi\left(\xi-\frac{B}{t_{\mathrm{p}}}\tau\right)t}\mathrm{d}t \\
&= \mathrm{e}^{-\mathrm{j}\pi\frac{B}{t_{\mathrm{p}}}\tau^2}\chi_1\left(\tau,\xi-\frac{B}{t_{\mathrm{p}}}\tau\right)
\end{aligned}
\tag{5.13}
$$

式中：$\chi_1(\tau,\xi)$为$u_1(t)$的模糊函数，结合式(5.5)，得

$$\chi(\tau,\xi)=\begin{cases}\dfrac{t_p-|\tau|}{t_p}\cdot\dfrac{\sin\left[\pi\left(\xi-\dfrac{B}{t_p}\tau\right)(t_p-|\tau|)\right]}{\pi\left(\xi-\dfrac{B}{t_p}\tau\right)(t_p-|\tau|)}\cdot e^{j\pi\left(\xi-\frac{B}{t_p}\tau\right)(t_p-\tau)} \\ -t_p\leqslant\tau\leqslant t_p \\ 0\quad(\text{其他})\end{cases}\tag{5.14}$$

根据式(5.13)、式(5.14)得$|\chi(\tau,\xi)|$如式(5.15)所示，得$|\chi(\tau,0)|$、$|\chi(0,\xi)|$如式(5.16)和式(5.17)所示。

$$\begin{aligned}|\chi(\tau,\xi)|&=\left|\chi_1\left(\tau,\xi-\frac{B}{t_p}\tau\right)\right|\\&=\begin{cases}\dfrac{t_p-|\tau|}{t_p}\cdot\left|\dfrac{\sin\left[\pi\left(\xi-\dfrac{B}{t_p}\tau\right)(t_p-|\tau|)\right]}{\pi\left(\xi-\dfrac{B}{t_p}\tau\right)(t_p-|\tau|)}\right| & (-t_p\leqslant\tau\leqslant t_p)\\ 0 & (\text{其他})\end{cases}\end{aligned}\tag{5.15}$$

$$\begin{aligned}|\chi(\tau,0)|&=\left|\chi_1\left(\tau,-\frac{B}{t_p}\tau\right)\right|\\&=\begin{cases}\dfrac{t_p-|\tau|}{t_p}\cdot\left|\dfrac{\sin\left[\pi\dfrac{B}{t_p}\tau(t_p-|\tau|)\right]}{\pi\dfrac{B}{t_p}\tau(t_p-|\tau|)}\right| & (-t_p\leqslant\tau\leqslant t_p)\\ 0 & (\text{其他})\end{cases}\end{aligned}\tag{5.16}$$

$$|\chi(0,\xi)| = |\chi_1(0,\xi)| = \left|\frac{\sin(\pi\xi t_p)}{\pi\xi t_p}\right| \tag{5.17}$$

距离－速度模糊图、距离模糊图、速度模糊图如图5.8所示。速度模糊图第一零点在$\xi = \pm 1/t_p$，那么距离模糊图第一零点在哪里呢？

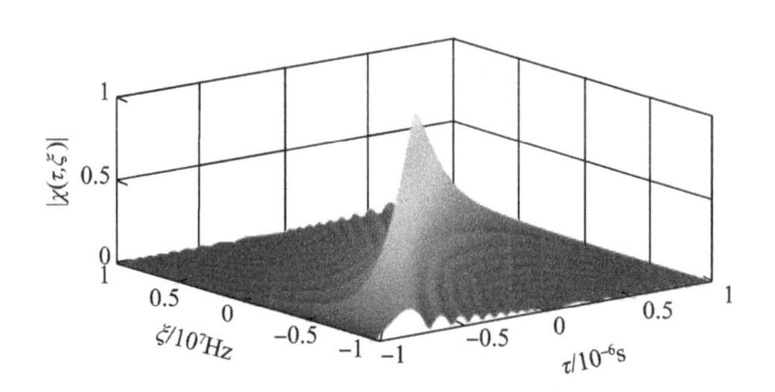

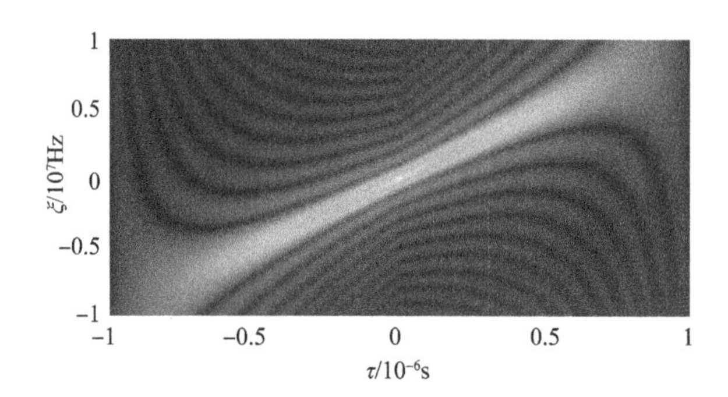

(a) 距离－速度模糊图侧视(上)、距离－速度模糊图俯视(下)

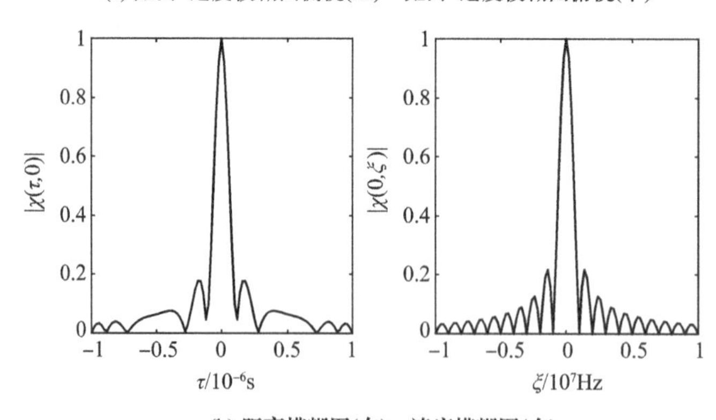

(b) 距离模糊图(左)、速度模糊图(右)

图5.8　线性调频矩形脉冲信号模糊图($t_p = 1\mu s, B = 10MHz$)

根据式(5.16)可知,距离模糊图第一零点由该式非零部分两项相乘因子各自第一零点中最小的值决定。其中,第一项因子的第一零点在 $\tau = \pm t_{\mathrm{p}}$;第二项因子的第一零点实质为式(5.18)所示方程的根。

$$\pi \frac{B}{t_{\mathrm{p}}}\tau(t_{\mathrm{p}} - |\tau|) = \pi \tag{5.18}$$

考虑到 $|\chi(\tau,0)|$ 的偶对称性,零点应是关于原点对称的,因此求取 $\tau > 0$ 的根即可,因此式(5.18)可去掉 τ 的绝对值号,并整理,得

$$\frac{B}{t_{\mathrm{p}}}\tau^2 - B\tau + 1 = 0 \tag{5.19}$$

解式(5.19),得

$$\begin{cases} \tau_1 = \dfrac{B - \sqrt{B^2 - 4\dfrac{B}{t_{\mathrm{p}}}}}{2\dfrac{B}{t_{\mathrm{p}}}} = \dfrac{t_{\mathrm{p}}}{2}\left(1 - \sqrt{1 - \dfrac{4}{Bt_{\mathrm{p}}}}\right) \\ \tau_2 = \dfrac{B + \sqrt{B^2 - 4\dfrac{B}{t_{\mathrm{p}}}}}{2\dfrac{B}{t_{\mathrm{p}}}} = \dfrac{t_{\mathrm{p}}}{2}\left(1 + \sqrt{1 - \dfrac{4}{Bt_{\mathrm{p}}}}\right) \end{cases} \tag{5.20}$$

又因为

$$\sqrt{1-x} = 1 - \frac{x}{2} - \frac{x^2}{8} - \cdots \approx 1 - \frac{x}{2} \tag{5.21}$$

将式(5.21)代入式(5.20)得两个零点,即

$$\begin{cases} \tau_1 \approx \dfrac{t_{\mathrm{p}}}{2}\left[1 - \left(1 - \dfrac{2}{Bt_{\mathrm{p}}}\right)\right] = \dfrac{1}{B} \\ \tau_2 \approx \dfrac{t_{\mathrm{p}}}{2}\left[1 + \left(1 - \dfrac{2}{Bt_{\mathrm{p}}}\right)\right] = t_{\mathrm{p}} - \dfrac{1}{B} \end{cases} \tag{5.22}$$

对于线性调频信号而言，t_p 往往设计得要远大于 $1/B$，因此综合 $1/B$、$t_p - 1/B$、t_p 三个零点值，第一零点应为 $\pm 1/B$（由以上推导可知，是约等于 $1/B$）。

5.2.3 基本特点

线性调频矩形脉冲信号的模糊图称为斜刀刃型模糊图，瑞利距离分辨力为 $1/B$，瑞利速度分辨力为 $1/t_p$；影响雷达作用距离的 t_p 与影响距离分辨力的 B 可以单独控制，因此能够兼顾雷达作用距离与距离分辨力。

5.3 二相编码矩形脉冲信号

5.3.1 时频域

二相编码信号是以矩形脉冲对载波进行包络调制，并将矩形脉冲分割为若干首尾相连的子脉冲，在每个子脉冲内对载波相位进行 0 或 π 调制的信号样式如图 5.9 所示。

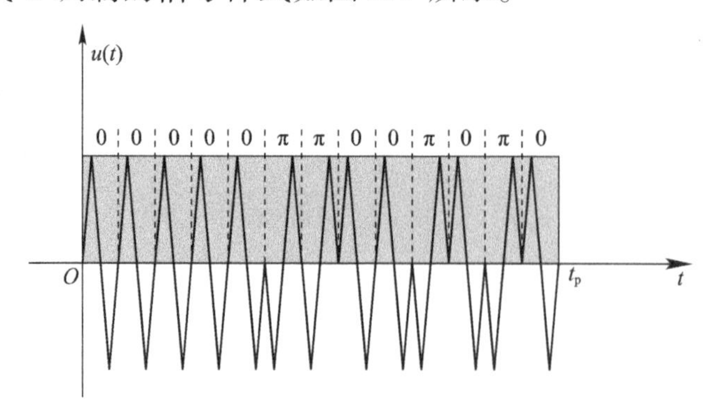

图 5.9　二相编码矩形脉冲信号调制载波示意图

$$u(t) = \frac{1}{\sqrt{N}} \sum_{m=0}^{N-1} c_m u_1(t - m t_{\mathrm{p}}) \tag{5.23}$$

设 $u_1(t)$ 为单载频矩形脉冲信号，脉冲宽度为 t_{p}，幅度为 $1/\sqrt{t_{\mathrm{p}}}$；二相编码矩形脉冲信号 $u(t)$ 包含 N 个子脉冲（子脉冲也称为码元），则 $u(t)$ 的时域表达式如式(5.23)所示。式中系数 $1/\sqrt{N}$ 使能量归一化，c_m 表示每个子脉冲对相位进行 0 或 π 的调制。考虑到对零中频信号 $u_1(t)$ 的相位进行 0 或 π 的调制，等价于与 $\mathrm{e}^{-\mathrm{j}0}$ 或 $\mathrm{e}^{-\mathrm{j}\pi}$ 相乘，因此 c_m 的实际取值为 ±1。

根据式(5.23)，$u(t)$ 可表示为卷积计算，即

$$u(t) = u_1(t) \cdot \left[\frac{1}{\sqrt{N}} \sum_{m=0}^{N-1} c_m \delta(t - m t_{\mathrm{p}})\right] \tag{5.24}$$

设 $u_2(t)$ 表达式为

$$u_2(t) = \frac{1}{\sqrt{N}} \sum_{m=0}^{N-1} c_m \delta(t - m t_{\mathrm{p}}) \tag{5.25}$$

因此，若 $U_1(f)$ 为 $u_1(t)$ 的傅里叶变换，$U_2(f)$ 为 $u_2(t)$ 的傅里叶变换，$u(t)$ 的傅里叶变换 $U(f)$ 可表示为

$$U(f) = U_1(f) \cdot U_2(f) \tag{5.26}$$

式中：$U_1(f)$、$U_2(f)$ 为

$$\begin{cases} U_1(f) = \dfrac{1}{\sqrt{t_{\mathrm{p}}}} t_{\mathrm{p}} \mathrm{Sa}(\pi t_{\mathrm{p}} f) \mathrm{e}^{-\mathrm{j}\pi f t_{\mathrm{p}}} \\ U_2(f) = \dfrac{1}{\sqrt{N}} \displaystyle\sum_{m=0}^{N-1} c_m \mathrm{e}^{-\mathrm{j}2\pi f m t_{\mathrm{p}}} \end{cases} \tag{5.27}$$

最终得到式(5.28)。

$$U(f)=\sqrt{\frac{t_{\mathrm{p}}}{N}}\mathrm{Sa}(\pi t_{\mathrm{p}}f)\mathrm{e}^{-\mathrm{j}\pi ft_{\mathrm{p}}}\cdot\sqrt{N+2\sum_{k=1}^{N-1}\sum_{n=k}^{N-1}c_{n}c_{n-k}\cos(2\pi fkt_{\mathrm{p}})} \tag{5.28}$$

式(5.23)、式(5.28)是二相编码矩形脉冲信号时域、频域的通用表达式,具体的0、π的调制的序列决定了其最终的时域、频域函数。常用的0、π的调制序列有巴克码、M序列、L序列等,本书以巴克码为例进行讲解。

巴克码的编码规则在下一节讲解模糊函数时给出。到目前为止,按照巴克码的编码规则,$N>13$的奇数长度巴克码不存在,$4<N<11664$的偶数长度巴克码未找到,所以目前能使用的巴克码码元个数最大只有13,具体的编码表如表5.1所列。

表5.1 巴克码编码表

N	序列
2	①0,0②0,π
3	0,0,π
4	①0,0,π,0 ②0,0,0,π
5	0,π,0,π,0
7	0,0,0,π,π,0,π
11	0,0,0,π,π,π,0,π,π,0,π
13	0,0,0,0,0,π,π,0,0,π,0,π,0

根据表5.1,13位巴克码的时域图形如图5.10所示,幅频特性图如图5.11所示。

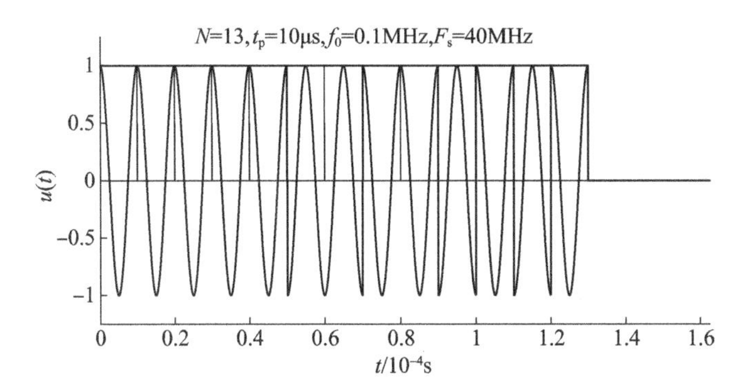

图 5.10　巴克码信号时域图

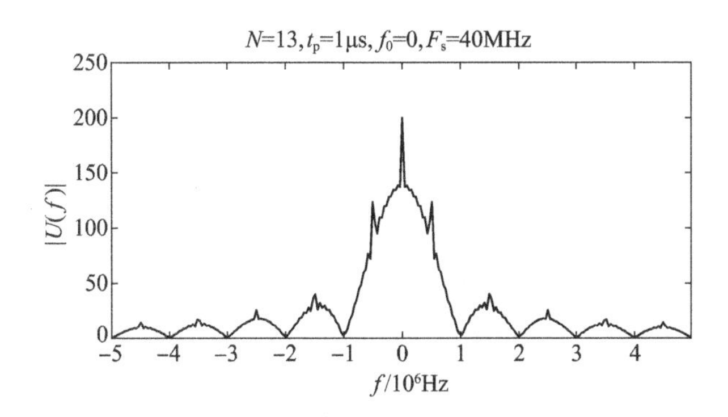

图 5.11　巴克码信号幅频特性图

5.3.2　模糊函数

二相编码矩形脉冲信号的模糊函数$\chi(\tau,\xi)$推导如下：

由于$u(t)=u_1(t)\cdot u_2(t)$，根据式(4.62)，有

$$u(t)e^{j2\pi f_d t}\cdot u^*(-t)=[u_1(t)\cdot u_2(t)]e^{j2\pi f_d t}\cdot [u_1^*(-t)\cdot u_2^*(-t)] \equiv \chi(-\tau,f_d) \tag{5.29}$$

又因为

$$[u_1(t)\cdot u_2(t)]\mathrm{e}^{\mathrm{j}2\pi f_\mathrm{d}t}\xrightarrow{\mathrm{F}}U_1(f-f_\mathrm{d})\cdot$$

$$U_2(f-f_\mathrm{d})\xrightarrow{\mathrm{IF}}u_1(t)\mathrm{e}^{\mathrm{j}2\pi f_\mathrm{d}t}\cdot u_2(t)\mathrm{e}^{\mathrm{j}2\pi f_\mathrm{d}t} \tag{5.30}$$

式中:$\xrightarrow{\mathrm{F}}$表示傅里叶变换,$\xrightarrow{\mathrm{IF}}$表示傅里叶反变换,因此

$$[u_1(t)\cdot u_2(t)]\mathrm{e}^{\mathrm{j}2\pi f_\mathrm{d}t}=u_1(t)\mathrm{e}^{\mathrm{j}2\pi f_\mathrm{d}t}\cdot u_2(t)\mathrm{e}^{\mathrm{j}2\pi f_\mathrm{d}t} \tag{5.31}$$

结合式(5.29)、式(5.31),得

$$u_1(t)\mathrm{e}^{\mathrm{j}2\pi f_\mathrm{d}t}\cdot u_2(t)\mathrm{e}^{\mathrm{j}2\pi f_\mathrm{d}t}\cdot u_1^*(-t)\cdot u_2^*(-t)\equiv\chi(-\tau,f_\mathrm{d}) \tag{5.32}$$

设$\chi_1(\tau,\xi)$为$u_1(t)$的模糊函数,$\chi_2(\tau,\xi)$为$u_2(t)$的模糊函数,根据式(4.62),有

$$\begin{cases}\chi_1(-\tau,f_\mathrm{d})\equiv u_1(t)\mathrm{e}^{\mathrm{j}2\pi f_\mathrm{d}t}\cdot u_1^*(-t)\\ \chi_2(-\tau,f_\mathrm{d})\equiv u_2(t)\mathrm{e}^{\mathrm{j}2\pi f_\mathrm{d}t}\cdot u_2^*(-t)\end{cases} \tag{5.33}$$

结合式(5.31)、式(5.33),得

$$\chi_1(-\tau,f_\mathrm{d})\cdot\chi_2(-\tau,f_\mathrm{d})=\chi(-\tau,f_\mathrm{d}) \tag{5.34}$$

有

$$\chi(\tau,\xi)=\chi_1(\tau,\xi)\cdot\chi_2(\tau,\xi) \tag{5.35}$$

式(5.35)中,$\chi_1(\tau,\xi)$就单载频矩形脉冲信号的模糊函数,同式(5.5)。$\chi_2(\tau,\xi)$计算如下:

$$\begin{aligned}\chi_2(\tau,\xi)&=\int\left[\frac{1}{\sqrt{N}}\sum_{k=0}^{N-1}c_k\delta(t-kt_\mathrm{p})\right]\left[\frac{1}{\sqrt{N}}\sum_{p=0}^{N-1}c_\mathrm{p}\delta(t-pt_\mathrm{p}+\tau)\right]\mathrm{e}^{\mathrm{j}2\pi\xi t}\mathrm{d}t\\&=\frac{1}{N}\sum_{k=0}^{N-1}\sum_{p=0}^{N-1}c_pc_k\int\delta(t-kt_\mathrm{p})\delta(t-pt_\mathrm{p}+\tau)\mathrm{e}^{\mathrm{j}2\pi\xi t}\mathrm{d}t\end{aligned}$$

$$= \frac{1}{N}\sum_{k=0}^{N-1}\sum_{p=0}^{N-1} c_p c_k \mathrm{e}^{\mathrm{j}2\pi\xi k t_\mathrm{p}} \int \delta(t)\delta(t-(p-k)t_\mathrm{p}+\tau)\mathrm{e}^{\mathrm{j}2\pi\xi t}\mathrm{d}t$$

$$= \frac{1}{N}\sum_{k=0}^{N-1}\sum_{p=0}^{N-1} c_p c_k \mathrm{e}^{\mathrm{j}2\pi\xi k t_\mathrm{p}} \delta((p-k)t_p-\tau) \tag{5.36}$$

令 $p-k=m$,代入上式,有

$$\chi_2(\tau,\xi) = \frac{1}{N}\sum_{k=0}^{N-1}\sum_{k+m=0}^{N-1} c_{k+m} c_k \mathrm{e}^{\mathrm{j}2\pi\xi k t_\mathrm{p}} \delta(\tau - m t_\mathrm{p})$$

$$= \frac{1}{N}\sum_{k=0}^{N-1}\sum_{m=-k}^{N-1-k} c_{k+m} c_k \mathrm{e}^{\mathrm{j}2\pi\xi k t_\mathrm{p}} \delta(\tau - m t_\mathrm{p}) \tag{5.37}$$

且根据上式中的 $\delta(\tau-mt_\mathrm{p})$,能够确定 $\chi_2(\tau,\xi)$ 只在 $\tau=mt_\mathrm{p}$ 处有值,故式(5.37)可进一步变形为

$$\chi_2(mt_\mathrm{p},\xi) = \frac{1}{N}\sum_{k=0}^{N-1}\sum_{m=-k}^{N-1-k} c_{k+m} c_k \mathrm{e}^{\mathrm{j}2\pi\xi k t_\mathrm{p}} \tag{5.38}$$

根据 $p-k=m$ 可知 $-(N-1)\leqslant m\leqslant N-1$,对式(5.38)的所有加和项展开并按 $0\leqslant m\leqslant N-1$、$-(N-1)\leqslant m\leqslant 0$ 分情况归并,可得

$$\chi_2(mt_\mathrm{p},\xi) = \begin{cases} \dfrac{1}{N}\sum\limits_{k=0}^{N-1-m} c_k c_{k+m} \mathrm{e}^{\mathrm{j}2\pi\xi k t_\mathrm{p}} & (0\leqslant m\leqslant N-1) \\ \dfrac{1}{N}\sum\limits_{k=-m}^{N-1} c_k c_{k+m} \mathrm{e}^{\mathrm{j}2\pi\xi k t_\mathrm{p}} & (-(N-1)\leqslant m\leqslant 0) \end{cases} \tag{5.39}$$

根据式(5.39),有

$$\chi_2(mt_\mathrm{p},0) = \begin{cases} \dfrac{1}{N}\sum\limits_{k=0}^{N-1-m} c_k c_{k+m} & (0\leqslant m\leqslant N-1) \\ \dfrac{1}{N}\sum\limits_{k=-m}^{N-1} c_k c_{k+m} & (-(N-1)\leqslant m\leqslant 0) \end{cases} \tag{5.40}$$

$$\begin{aligned}\chi_2(0,\xi) &= \frac{1}{N}\sum_{k=0}^{N-1} e^{j2\pi\xi k t_p} \\ &= \frac{1}{N}\cdot\frac{1-e^{j2\pi\xi N t_p}}{1-e^{j2\pi\xi t_p}} \\ &= \frac{1}{N}\cdot\frac{e^{j\pi\xi N t_p}}{e^{j\pi\xi t_p}}\cdot\frac{e^{-j\pi\xi N t_p}-e^{j\pi\xi N t_p}}{e^{-j\pi\xi t_p}-e^{j\pi\xi t_p}} \\ &= \frac{1}{N}\cdot e^{j\pi\xi(N-1)t_p}\cdot\frac{\sin(\pi\xi N t_p)}{\sin(\pi\xi t_p)}\end{aligned} \tag{5.41}$$

根据式(5.35)和$\chi_2(\tau,\xi)$只在$\tau = mt_p$处有值,得

$$\begin{aligned}\chi(\tau,\xi) &= \chi_1(\tau,\xi)\cdot\chi_2(\tau,\xi) = \chi_1(\tau,\xi)\cdot\chi_2(mt_p,\xi) \\ &= \sum_{m=-\infty}^{+\infty}\chi_1(\tau - mt_p,\xi)\cdot\chi_2(mt_p,\xi) \\ &= \sum_{m=-(N-1)}^{N-1}\chi_1(\tau - mt_p,\xi)\cdot\chi_2(mt_p,\xi)\end{aligned} \tag{5.42}$$

由式(5.42)、式(5.40)、式(5.41)和式(5.5),得

$$|\chi(\tau,0)| = \left|\sum_{m=-(N-1)}^{N-1}\chi_1(\tau - mt_p,0)\cdot\chi_2(mt_p,0)\right| =$$

$$\begin{cases}\dfrac{t_p - |\tau - mt_p|}{t_p}\cdot\left|\dfrac{1}{N}\displaystyle\sum_{k=0}^{N-1-m}c_k c_{k+m}\right| & \begin{pmatrix}(m-1)t_p \leqslant \tau \leqslant (m+1)t_p \\ 0 \leqslant m \leqslant N-1\end{pmatrix} \\ \dfrac{t_p - |\tau - mt_p|}{t_p}\cdot\left|\dfrac{1}{N}\displaystyle\sum_{k=-m}^{N-1}c_k c_{k+m}\right| & \begin{pmatrix}(m-1)t_p \leqslant \tau \leqslant (m+1)t_p \\ -(N-1) \leqslant m \leqslant 0\end{pmatrix} \\ 0 & (\text{其他})\end{cases} \tag{5.43}$$

$$
\begin{aligned}
|\chi(0,\xi)| &= \left|\sum_{m=-(N-1)}^{N-1} \chi_1(-mt_p,\xi)\cdot\chi_2(mt_p,\xi)\right| \\
&= |\chi_1(0,\xi)\cdot\chi_2(0,\xi)| \\
&= \frac{1}{N}\cdot\left|\frac{\sin(\pi\xi t_p)}{\pi\xi t_p}\right|\cdot\left|\frac{\sin(\pi\xi N t_p)}{\sin(\pi\xi t_p)}\right|
\end{aligned} \tag{5.44}
$$

从式(5.43)可知,二相编码矩形脉冲信号的距离模糊图与所采用的编码规则紧密相关;从式(5.44)可知,二相编码矩形脉冲信号无论采用怎样的编码规则,只要码元宽度 t_p 和个数 N 不变,其速度模糊图由该式唯一确定,且第一零点为 $\xi = \pm 1/Nt_p$。

巴克码的编码规则如式(5.45)所示。

$$
\sum_{k=0}^{N-1-|m|} c_k c_{k+m} = \begin{cases} N & (m=0) \\ \pm 1 \text{ 或 } 0 & (m \neq 0) \end{cases} \tag{5.45}
$$

式(5.45)中, $\sum\limits_{k=0}^{N-1-|m|} c_k c_{k+m}$ 的取值可用表 5.2 进行明细表示。

表 5.2　巴克码 $\sum\limits_{k=0}^{N-1-|m|} c_k c_{k+m}$ 取值表

N	m																								
	−12	−11	−10	−9	−8	−7	−6	−5	−4	−3	−2	−1	0	1	2	3	4	5	6	7	8	9	10	11	12
2												1	2	1											
												−1	2	−1											
3											−1	0	3	0	−1										
4										1	0	−1	4	−1	0	1									
										−1	0	1	4	1	0	−1									
5									1	0	1	0	5	0	1	0	1								
7							−1	0	−1	0	−1	0	7	0	−1	0	−1	0	−1						
11			−1	0	−1	0	−1	0	−1	0	−1	0	11	0	−1	0	−1	0	−1	0	−1	0	−1		
13	1	0	1	0	1	0	1	0	1	0	1	0	13	0	1	0	1	0	1	0	1	0	1	0	1

以 13 位巴克码为例,其距离 - 速度模糊图、距离模糊图、速度模糊图如图 5.12 所示,其距离模糊图第一零点为 $\tau = \pm t_p$。

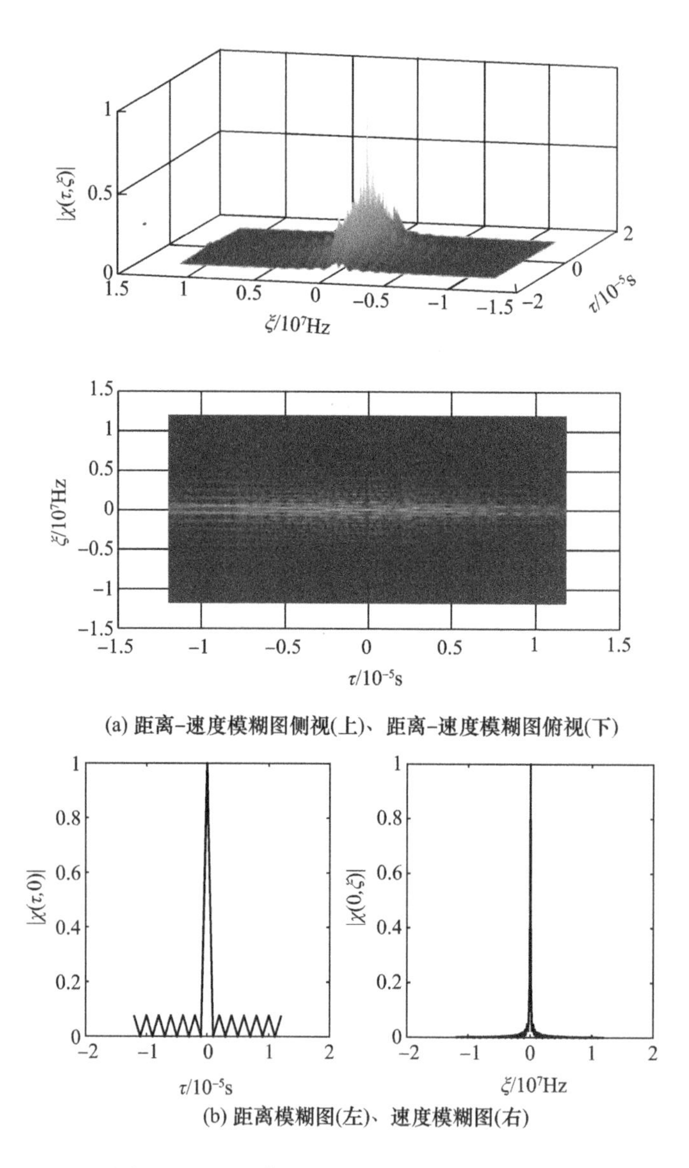

(a) 距离-速度模糊图侧视(上)、距离-速度模糊图俯视(下)

(b) 距离模糊图(左)、速度模糊图(右)

图 5.12　13 位巴克码模糊图($t_p = 1\mu s$)

5.3.3　基本特点

二相编码矩形脉冲信号的模糊图称为图钉型模糊图,瑞利距离分辨力比等长的单载频矩形脉冲信号提高很大(以巴克码为例,

瑞利距离分辨力为 t_p，比同样长度为 Nt_p 的单载频矩形脉冲信号提高 N 倍)，瑞利速度分辨力为 $1/Nt_p$；影响雷达作用距离的 Nt_p 与影响距离分辨力的 t_p 可通过选取合适的编码规则和码元数量 N 达到协调，因此能够兼顾雷达作用距离与距离分辨力。由于模糊图呈图钉型，按照4.4节的结论，当发生多普勒失配时，输出信号峰值下降显著，因此二相码信号对多普勒失配较为敏感。

5.4 相参矩形脉冲串信号

5.4.1 时频域

相参矩形脉冲串信号是以按周期重复的矩形脉冲对载波进行包络调制的信号样式，如图5.13所示。

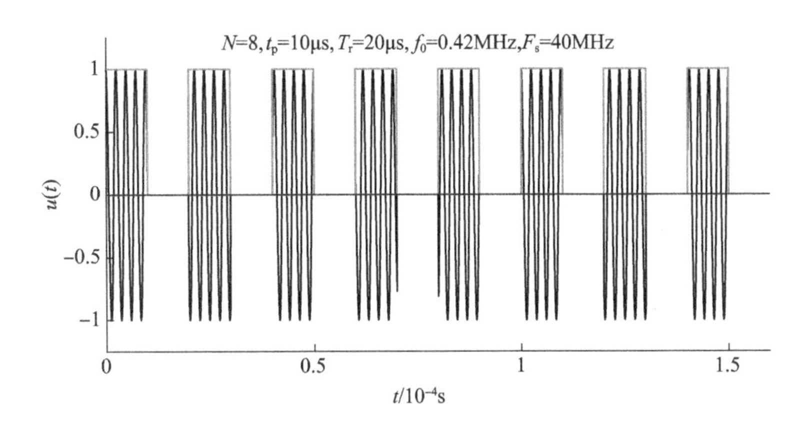

图5.13 相参矩形脉冲串信号调制载波示意图

设 $u_1(t)$ 为单载频矩形脉冲信号，脉冲宽度为 t_p，幅度为 $1/\sqrt{t_p}$；相参矩形脉冲串信号 $u(t)$ 包含 N 个脉冲周期，周期为 T_r，则 $u(t)$ 的时域表达式如式(5.46)所示，式中系数 $1/\sqrt{N}$ 使能量归一化。

$$u(t) = \frac{1}{\sqrt{N}}\sum_{m=0}^{N-1} u_1(t - m T_r) \tag{5.46}$$

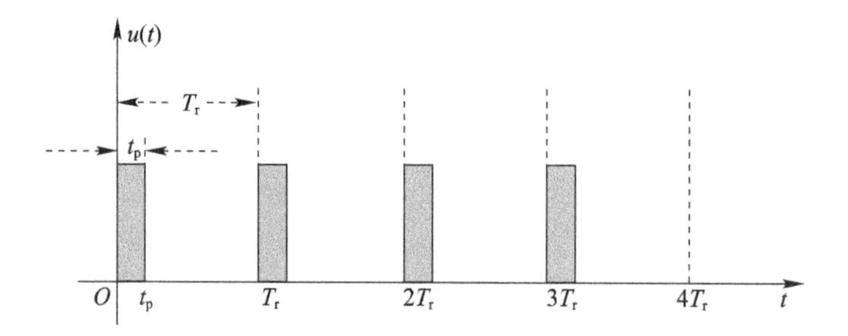

图 5.14　相参矩形脉冲串信号时域图

根据式(5.46),$u(t)$可表示为卷积计算,即

$$u(t) = u_1(t) \cdot \left[\frac{1}{\sqrt{N}}\sum_{m=0}^{N-1}\delta(t - mT_r)\right] \tag{5.47}$$

设 $u_2(t)$表达式如下:

$$u_2(t) = \frac{1}{\sqrt{N}}\sum_{m=0}^{N-1}\delta(t - mT_r) \tag{5.48}$$

因此,若 $U_1(f)$为 $u_1(t)$的傅里叶变换,$U_2(f)$为 $u_2(t)$的傅里叶变换,那么 $u(t)$的傅里叶变换 $U(f)$可表示为

$$U(f) = U_1(f) \cdot U_2(f) \tag{5.49}$$

式中:$U_2(f)$为

$$\begin{aligned} U_2(f) &= \frac{1}{\sqrt{N}}\sum_{m=0}^{N-1}\int\delta(t - mT_r)\mathrm{e}^{-j2\pi ft}\mathrm{d}t \\ &= \frac{1}{\sqrt{N}}\sum_{m=0}^{N-1}\int\delta(t)\mathrm{e}^{-j2\pi fmT_r}\mathrm{d}t \end{aligned}$$

$$= \frac{1}{\sqrt{N}} \sum_{m=0}^{N-1} \mathrm{e}^{-\mathrm{j}2\pi f m T_{\mathrm{r}}}$$

$$= \frac{1}{\sqrt{N}} \cdot \frac{1 - \mathrm{e}^{-\mathrm{j}2\pi f N T_{\mathrm{r}}}}{1 - \mathrm{e}^{-\mathrm{j}2\pi f T_{\mathrm{r}}}}$$

$$= \frac{1}{\sqrt{N}} \cdot \frac{\mathrm{e}^{-\mathrm{j}\pi f N T_{\mathrm{r}}}}{\mathrm{e}^{-\mathrm{j}\pi f T_{\mathrm{r}}}} \cdot \frac{\mathrm{e}^{\mathrm{j}\pi f N T_{\mathrm{r}}} - \mathrm{e}^{-\mathrm{j}\pi f N T_{\mathrm{r}}}}{\mathrm{e}^{\mathrm{j}\pi f T_{\mathrm{r}}} - \mathrm{e}^{-\mathrm{j}\pi f T_{\mathrm{r}}}}$$

$$= \frac{1}{\sqrt{N}} \cdot \mathrm{e}^{-\mathrm{j}\pi f (N-1) T_{\mathrm{r}}} \cdot \frac{\sin(\pi f N T_{\mathrm{r}})}{\sin(\pi f T_{\mathrm{r}})} \tag{5.50}$$

将式(5.2)、式(5.50)代入式(5.49),得

$$U(f) = \left[\sqrt{t_{\mathrm{p}}} \cdot \mathrm{Sa}(\pi t_{\mathrm{p}} f) \cdot \mathrm{e}^{-\mathrm{j}\pi f t_{\mathrm{p}}}\right] \cdot \left[\frac{1}{\sqrt{N}} \cdot \mathrm{e}^{-\mathrm{j}\pi f (N-1) T_{\mathrm{r}}} \cdot \frac{\sin(\pi f N T_{\mathrm{r}})}{\sin(\pi f T_{\mathrm{r}})}\right]$$

$$= \sqrt{\frac{t_{\mathrm{p}}}{N}} \cdot \frac{\sin(\pi f t_{\mathrm{p}})}{\pi f t_{\mathrm{p}}} \cdot \frac{\sin(\pi f N T_{\mathrm{r}})}{\sin(\pi f T_{\mathrm{r}})} \cdot \mathrm{e}^{-\mathrm{j}\pi f [t_{\mathrm{p}} + (N-1) T_{\mathrm{r}}]} \tag{5.51}$$

故有$|U(f)|$如式(5.52)所示,相参矩形脉冲串信号幅频特性图如图5.15所示。

$$|U(f)| = \sqrt{\frac{t_{\mathrm{p}}}{N}} \cdot \left|\frac{\sin(\pi f t_{\mathrm{p}})}{\pi f t_{\mathrm{p}}}\right| \cdot \left|\frac{\sin(\pi f N T_{\mathrm{r}})}{\sin(\pi f T_{\mathrm{r}})}\right| \tag{5.52}$$

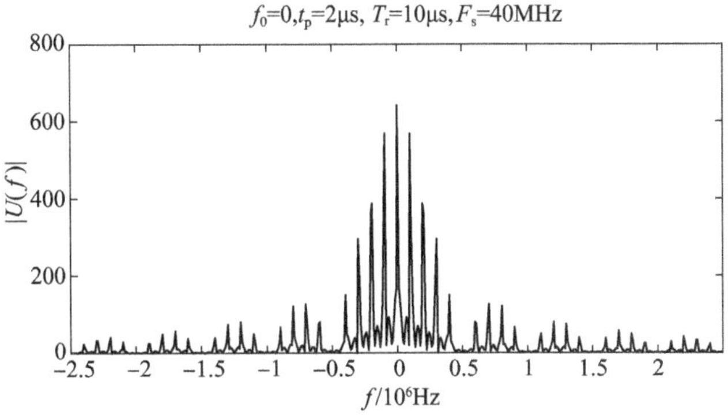

f_0=0,t_p=2μs, T_r=10μs,F_s=40MHz

图5.15 相参矩形脉冲串信号幅频特性图

5.4.2 模糊函数

相参矩形脉冲串信号模糊函数的推导过程与5.3节二相编码矩形脉冲信号模糊函数的推导相似；不同点在于，相参矩形脉冲串信号的重复周期不是 t_p 而是 T_r，且每个重复周期乘的系数 c_m 均为1。因此，类比可得 $u_2(t)$ 的模糊函数 $\chi_2(\tau,\xi)$ 为

$$\begin{aligned}\chi_2(\tau,\xi) &= \frac{1}{N}\sum_{k=0}^{N-1}\sum_{k+m=0}^{N-1}\mathrm{e}^{\mathrm{j}2\pi\xi kT_r}\delta(\tau - mT_r)\\ &= \frac{1}{N}\sum_{k=0}^{N-1}\sum_{m=-k}^{N-1-k}\mathrm{e}^{\mathrm{j}2\pi\xi kT_r}\delta(\tau - mT_r)\end{aligned} \tag{5.53}$$

根据上式中的 $\delta(\tau - mT_r)$，能够确定 $\chi_2(\tau,\xi)$ 只在 $\tau = mT_r$ 处有值，故式(5.53)可进一步变形为

$$\chi_2(mT_r,\xi) = \frac{1}{N}\sum_{k=0}^{N-1}\sum_{m=-k}^{N-1-k}\mathrm{e}^{\mathrm{j}2\pi\xi kT_r} \tag{5.54}$$

进而类比二相编码信号得到

$$\chi_2(mT_r,\xi) = \begin{cases}\dfrac{1}{N}\displaystyle\sum_{k=0}^{N-1-m}\mathrm{e}^{\mathrm{j}2\pi\xi kT_r} & (0 \leqslant m \leqslant N-1)\\ \dfrac{1}{N}\displaystyle\sum_{k=-m}^{N-1}\mathrm{e}^{\mathrm{j}2\pi\xi kT_r} & (-(N-1) \leqslant m \leqslant 0)\end{cases} \tag{5.55}$$

于是可得

$$\chi_2(mT_r,0) = \begin{cases}\dfrac{N-m}{N} & (0\leqslant m\leqslant N-1)\\ \dfrac{N+m}{N} & -(N-1)\leqslant m\leqslant 0\end{cases} = \frac{N-|m|}{N} \tag{5.56}$$

$$
\begin{aligned}
\chi_2(0,\xi) &= \frac{1}{N}\sum_{k=0}^{N-1} \mathrm{e}^{\mathrm{j}2\pi\xi k T_{\mathrm{r}}} \\
&= \frac{1}{N}\cdot\frac{1-\mathrm{e}^{\mathrm{j}2\pi\xi N T_{\mathrm{r}}}}{1-\mathrm{e}^{\mathrm{j}2\pi\xi T_{\mathrm{r}}}} \\
&= \frac{1}{N}\cdot\frac{\mathrm{e}^{\mathrm{j}\pi\xi N T_{\mathrm{r}}}}{\mathrm{e}^{\mathrm{j}\pi\xi T_{\mathrm{r}}}}\cdot\frac{\mathrm{e}^{-\mathrm{j}\pi\xi N T_{\mathrm{r}}}-\mathrm{e}^{\mathrm{j}\pi\xi N T_{\mathrm{r}}}}{\mathrm{e}^{-\mathrm{j}\pi\xi T_{\mathrm{r}}}-\mathrm{e}^{\mathrm{j}\pi\xi T_{\mathrm{r}}}} \\
&= \frac{1}{N}\cdot \mathrm{e}^{\mathrm{j}\pi\xi(N-1)T_{\mathrm{r}}}\cdot\frac{\sin(\pi\xi N T_{\mathrm{r}})}{\sin(\pi\xi T_{\mathrm{r}})}
\end{aligned}
\tag{5.57}
$$

根据$\chi_2(\tau,\xi)$只在$\tau = mT_{\mathrm{r}}$处有值，得

$$
\begin{aligned}
\chi(\tau,\xi) &= \chi_1(\tau,\xi)\cdot\chi_2(\tau,\xi) = \chi_1(\tau,\xi)\cdot\chi_2(mT_{\mathrm{r}},\xi) \\
&= \sum_{m=-\infty}^{+\infty}\chi_1(\tau-mT_{\mathrm{r}},\xi)\cdot\chi_2(mT_{\mathrm{r}},\xi) \\
&= \sum_{m=-(N-1)}^{N-1}\chi_1(\tau-mT_{\mathrm{r}},\xi)\cdot\chi_2(mT_{\mathrm{r}},\xi)
\end{aligned}
\tag{5.58}
$$

$$
\begin{aligned}
|\chi(\tau,0)| &= \left|\sum_{m=-(N-1)}^{N-1}\chi_1(\tau-mT_{\mathrm{r}},0)\cdot\chi_2(mT_{\mathrm{r}},0)\right| \\
&= \begin{cases}\dfrac{t_{\mathrm{p}}-|\tau-mT_{\mathrm{r}}|}{t_{\mathrm{p}}}\cdot\dfrac{N-|m|}{N} & ((m-1)T_{\mathrm{r}}\leqslant\tau\leqslant(m+1)T_{\mathrm{r}}) \\ 0 & (\text{其他})\end{cases}
\end{aligned}
\tag{5.59}
$$

$$
\begin{aligned}
|\chi(0,\xi)| &= \left|\sum_{m=-(N-1)}^{N-1}\chi_1(-mt_{\mathrm{p}},\xi)\cdot\chi_2(mt_{\mathrm{p}},\xi)\right| \\
&= |\chi_1(0,\xi)\cdot\chi_2(0,\xi)| \\
&= \frac{1}{N}\cdot\left|\frac{\sin(\pi\xi t_{\mathrm{p}})}{\pi\xi t_{\mathrm{p}}}\right|\cdot\left|\frac{\sin(\pi\xi N T_{\mathrm{r}})}{\sin(\pi\xi T_{\mathrm{r}})}\right|
\end{aligned}
\tag{5.60}
$$

距离-速度模糊图、距离模糊图、速度模糊图如图5.16所

示。距离模糊图第一零点在 $\tau = \pm t_p$，速度模糊图第一零点在$\xi = \pm 1/NT_r$。

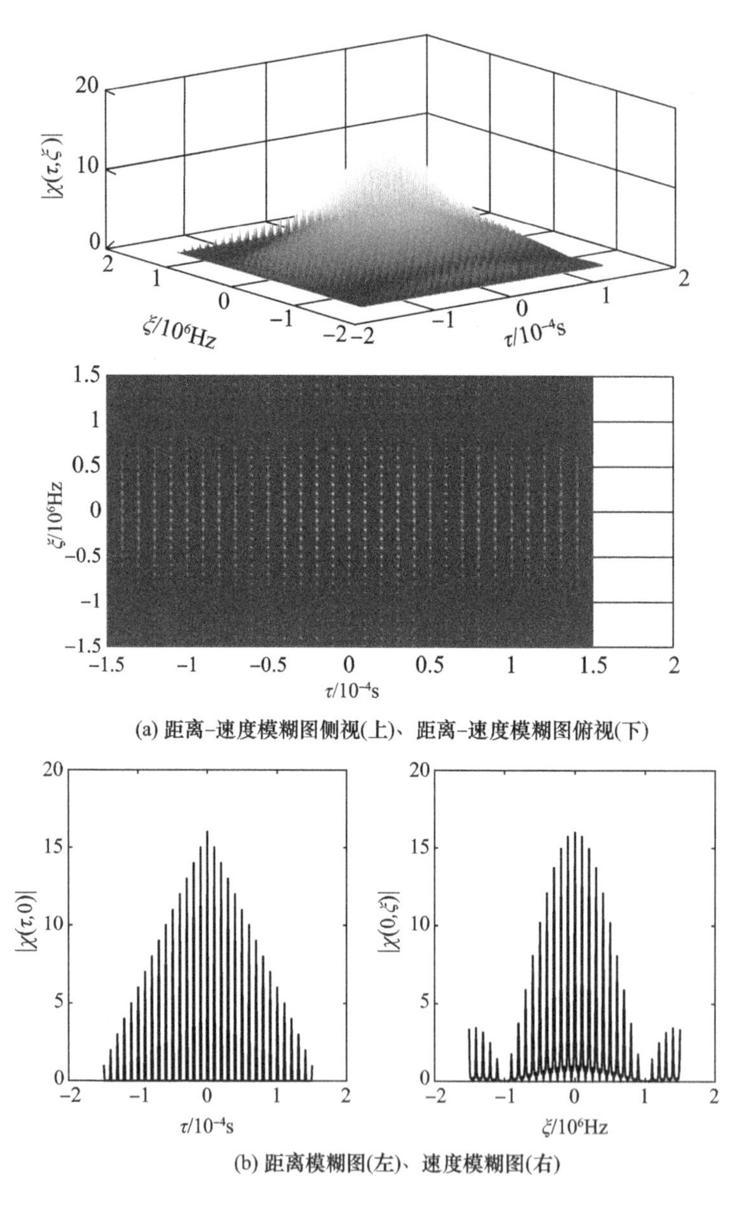

图 5.16　相参矩形脉冲串信号模糊图($t_p = 1\mu s, T_r = 10\mu s, N = 16$)

5.4.3 基本特点

相参矩形脉冲串信号的模糊图称为钉板型模糊图,瑞利距离分辨力为 t_p,瑞利速度分辨力为 $1/NT_r$;雷达系统通常使用该信号样式获得速度方面的处理优势(见后续章节)。

第6章 脉冲压缩

6.1 基本原理

6.1.1 脉冲压缩现象

4.2节讲到常规雷达系统都是在匹配滤波之后对目标进行距离分辨的,因此匹配滤波后输出信号的宽度至关重要。4.4节讨论的信号距离模糊图和与其匹配滤波后的输出信号时域取模其实是一致的,因此衡量匹配滤波后输出信号的宽度也可采用衡量距离分辨力的标准,即用第一零点值也就是瑞利距离分辨力代表其宽度。

根据5.2节、5.3节,若线性调频矩形脉冲信号脉冲宽度为t_p、带宽为B,则其瑞利距离分辨力为$1/B$;若巴克码矩形脉冲信号码元宽度为t_p,有N个码元,则其瑞利距离分辨力为t_p。对比匹配滤波前后,线性调频矩形脉冲信号的宽度从t_p变为$1/B$,巴克码矩形脉冲信号的宽度从Nt_p变为t_p。因此,两种信号经过匹配滤波后,都出现了由宽变窄的现象(通常情况下,$1/B$比t_p小很多),或者说,匹配滤波器实现了脉冲压缩。

脉冲压缩前后的信号时宽之比称为压缩比,线性调频矩形脉

冲信号的压缩比为 $t_p/\frac{1}{B}$,二相编码信号的压缩比为 Nt_p/t_p,因此压缩比等于时宽带宽积。

6.1.2 脉冲压缩机理

下面讲述为什么匹配滤波器除了实现最大信噪比,还实现了脉冲压缩。首先,假设匹配滤波器的输入信号 $u(t)$ 的傅里叶变换 $U(f)$ 为

$$U(f) = |U(f)|e^{j\varphi(f)} \tag{6.1}$$

式中:$\varphi(f)$ 为相频函数。

群延迟 $t_r(f)$ 为

$$t_r(f) = \frac{1}{2\pi}\frac{d\varphi(f)}{df} \tag{6.2}$$

群延迟函数 $t_r(f)$ 描述了组成 $U(f)$ 的各频率分量相互之间的延迟量。例如,在 $U(f)$ 的所有频率分量中,取任意两个频率分量 f_0、f_1,则可按式(6.2)计算 $t_r(f_0)$ 和 $t_r(f_1)$。于是,有

$$\Delta t = t_r(f_0) - t_r(f_1) \tag{6.3}$$

即可表示频率分量 f_0 超前于频率分量 f_1 的时间为 Δt。

根据式(3.17),与 $U(f)$ 对应的匹配滤波器频域表达式为

$$\begin{aligned} H(f) &= k \cdot U^*(f) \cdot e^{-j2\pi f t_d} \\ &= k \cdot |U(f)|e^{-j\varphi(f)} \cdot e^{-j2\pi f t_d} \end{aligned} \tag{6.4}$$

$U(f)$ 通过该匹配滤波器后输出信号的频域表达式为

$$\begin{aligned} Y(f) &= |U(f)|e^{j\varphi(f)} \cdot k \cdot |U(f)|e^{-j\varphi(f)} \cdot e^{-j2\pi f t_d} \\ &= k \cdot |U(f)|^2 \cdot e^{-j2\pi f t_d} \end{aligned} \tag{6.5}$$

可知,输出信号的相频函数 $\varphi(f) = -2\pi f t_d$,群延迟 $t_r(f) = -t_d$,表明输出信号所有频率分量相互之间没有延迟,它们在时间上是对齐的。因为频域为 $k \cdot |U(f)|^2$ 的信号在时域上是实偶函数,表明组成该信号的频率分量都是余弦分量,且在0时刻峰峰对齐;而信号 $Y(f)$ 在时域上是该信号延迟 t_d 得到的,所以信号 $Y(f)$ 也是由余弦分量峰峰对齐得到的,且对齐的时刻为 t_d。于是就会出现两个结果,一个是在 t_d 时刻,信号 $Y(f)$ 在时域上会达到峰值;另一个结果是,信号峰值达到最大时,主瓣零点就会达到最小,从而产生了压缩效果。

通过上述分析可以发现,产生脉冲压缩和输出峰值效果的关键是匹配滤波器与输入信号具有相反的相频函数,让原本各频率分量的相互时延发生了抵消。

需要注意的问题是,并不是所有的信号都能够实现脉冲压缩。如果信号的相频函数 $\varphi(f)$ 是0或 f 的一次函数,那么该信号的各频率分量本身就没有相互时延,于是就不会通过匹配滤波产生脉冲压缩效果。

6.1.3 实现方法

脉冲压缩的实现方法实质上也是匹配滤波的实现方法。现代雷达往往在中频已经开始进行数字正交相位检波了,因此脉冲压缩的对象是数字信号,脉冲压缩/匹配滤波成为了数字计算。为了快速完成计算,一般采用在频域实现,如图6.1所示。

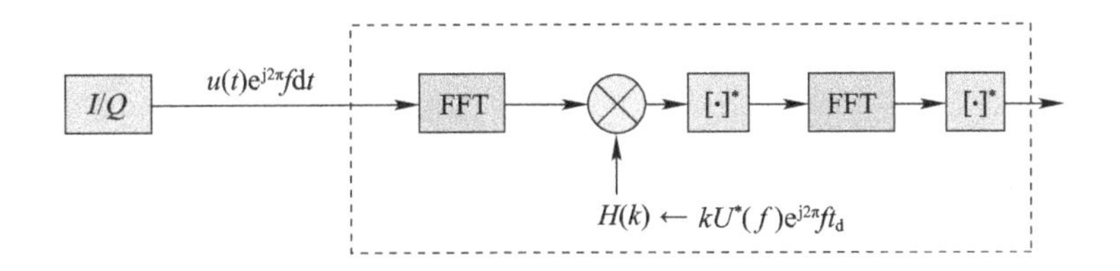

图 6.1　脉冲压缩实现方法示意图

6.2　距离多普勒耦合

按照式(4.62),信号 $u(t)$ 经频率移动 f_d 后通过匹配滤波器 $u^*(-t)$ 产生的多普勒失配,等价于将 $\chi(\tau,\xi)$ 沿着 $\xi=f_d$ 切割后,得到的切面包络经左右翻转以后的结果。

线性调频矩形脉冲信号的模糊图为斜刀刃型,因此当发生多普勒失配后,将 $\chi(\tau,\xi)$ 沿着 $\xi=f_d$ 切割得到的切面包络峰值将会发生偏移,且偏移量与 f_d 呈线性关系,如式(6.6)所示,其原理如图 6.2 所示。

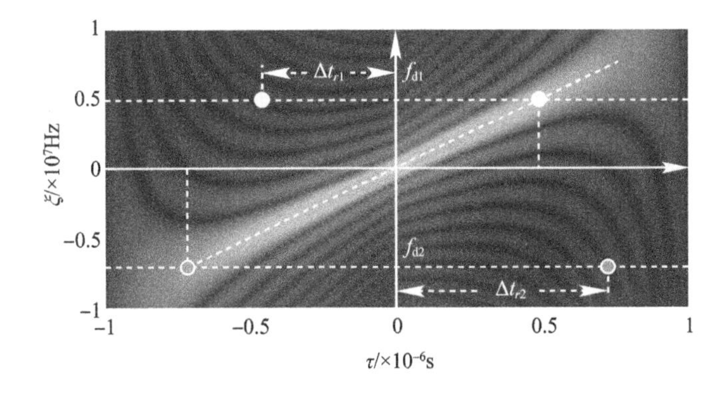

图 6.2　距离多普勒耦合原理示意图

$$\Delta t_r = -\frac{f_d}{B} \cdot t_p \tag{6.6}$$

式中：t_p 为脉冲宽度；B 为调频带宽。

这种发生多普勒失配后，峰值随多普勒频率线性移动的现象称为距离多普勒耦合，是由于斜刀刃型模糊图导致的特有现象，示例如图 6.3 所示。

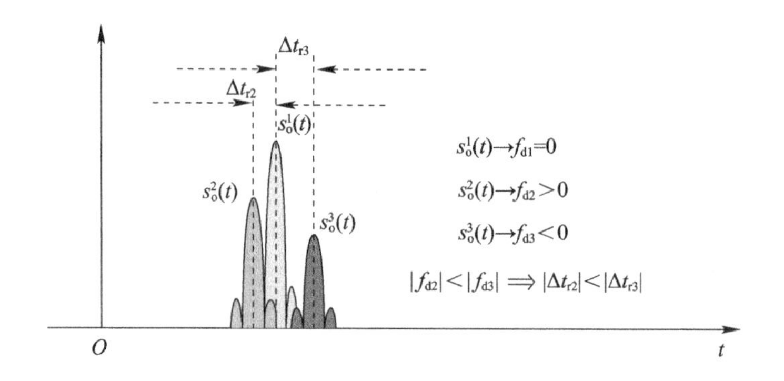

图 6.3　距离多普勒耦合示例图（目标 1、2、3 真实距离相同）

距离多普勒耦合现象会导致雷达系统测量距离发生偏差，抑制该现象的常用方法就是增大调频斜率。

当有多个目标同时发生距离多普勒耦合时，可能会造成原本满足距离分辨力能够区分的目标无法分辨。设两目标的回波时延为 t_{r1}、t_{r2}，多普勒频移为 f_{d1}、f_{d2}，那么这两个目标回波信号匹配滤波后输出的信号峰值分别为 $t_{r1} - \frac{f_{d1}}{B} \cdot t_p$ 和 $t_{r2} - \frac{f_{d2}}{B} \cdot t_p$，此时如果两个目标的相对多普勒频率与相对时延之比恰好等于调频斜率，则两目标的信号峰值重合，如式（6.7）所示。

$$\frac{f_{d1} - f_{d2}}{t_{r1} - t_{r2}} = \frac{B}{t_p} \Rightarrow t_{r1} - \frac{f_{d1}}{B} \cdot t_p = t_{r2} - \frac{f_{d2}}{B} \cdot t_p \tag{6.7}$$

6.3 加窗处理

线性调频矩形脉冲信号和二相编码矩形脉冲信号在经过脉冲压缩/匹配滤波后,输出信号都会成为有主瓣、副瓣的信号样式。主瓣是需要检测或跟踪的目标,而副瓣不是。但是副瓣的存在会带来以下影响:

(1) 过门限检测机制有可能把过门限的副瓣当作另一个目标。

(2) 如果问题(1)通过调节门限被规避掉,那么当有多个目标时,小目标的主瓣如果落在大目标的副瓣里,就会被忽略掉。

为了尽量避免这些情况发生,雷达系统往往需要抑制脉冲压缩/匹配滤波后输出信号的副瓣幅度。图 6.4 所示为高副瓣的影响。

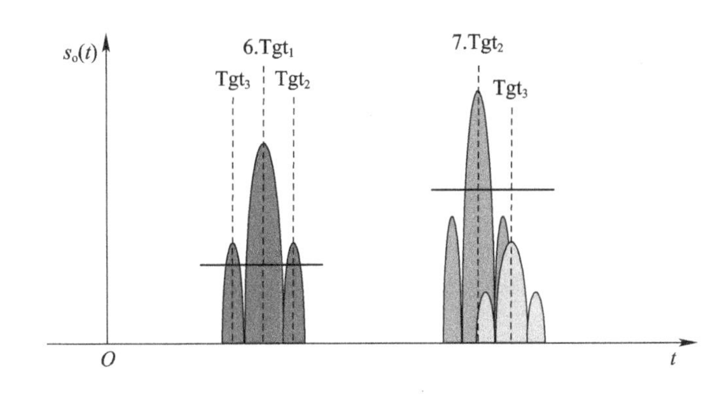

图 6.4　高副瓣的影响

抑制副瓣的常用方法是在频域给脉冲压缩/匹配滤波后的信号乘以一个缓变的窗函数,因此称为加窗处理,如图 6.5 所示。其原理是,所加的窗函数在时域所对应的波形具有更大的主副瓣比,频域加窗相当于配套滤波输出信号在时域与更大主副瓣比的信号相卷积,从而起到了压低副瓣的作用。

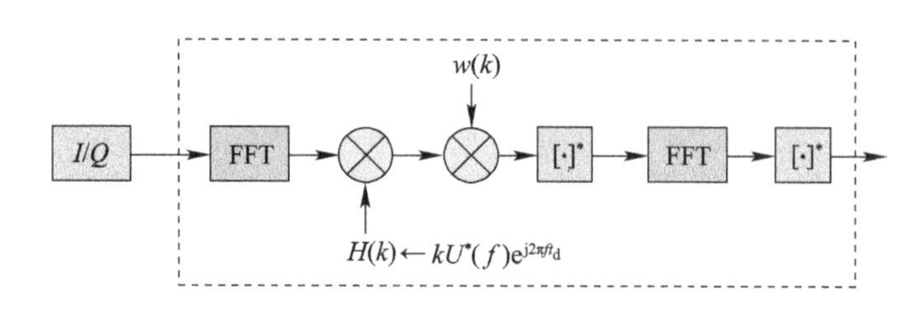

图 6.5　加窗处理原理示意图

图 6.6 所示为加窗处理的效果。图中以矩形频谱为例,在频域对其加海明窗,得到的时域信号相比于原来不加窗的信号,明显起到了抑制副瓣的作用。

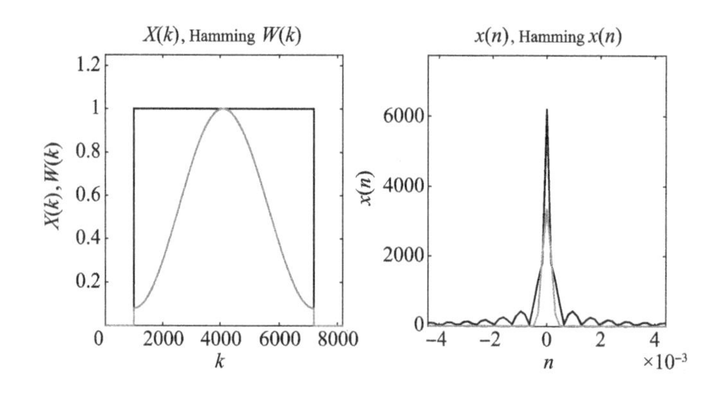

图 6.6　加窗处理效果示意图

加窗处理虽然达到了抑制副瓣的目的,但由于是匹配滤波器级联窗函数,整体来看输出的信号不再满足匹配滤波,因此必然造成信噪比的下降和主瓣的展宽(距离分辨力变差)。

常见加窗函数及其最大旁瓣、主瓣展宽、失配损失、旁瓣抑制指标如表 6.1 所列。

表 6.1　常见窗函数及指标

窗函数	最大旁瓣/dB	主瓣展宽	失配损失/dB	旁瓣衰减率
切比雪夫窗	-40.0	1.35	—	1
海明窗 $\begin{cases} k+(1-k)\cos^n x \\ k=0.08, n=2 \end{cases}$	-42.8	1.47	-1.34	$1/t$
余弦平方窗 $\begin{cases} k+(1-k)\cos^n x \\ k=0, n=2 \end{cases}$	-32.2	1.62	-1.76	$1/t^3$
余弦立方窗 $\begin{cases} k+(1-k)\cos^n x \\ k=0, n=3 \end{cases}$	-39.1	1.87	-2.38	$1/t^4$

第7章　脉冲多普勒处理

7.1　动目标显示(MTI)

环境对雷达发射信号散射后，一部分会回到雷达接收机，从而形成杂波。地面、海面、云雨雪雾等气象条件都会形成杂波。杂波与目标回波混叠在一起，会影响对目标的发现和测量，因此需要对杂波进行抑制。由于杂波来自于固定或慢速散射面/体，因此杂波对雷达信号所增加的多普勒频移应在0附近，这为抑制杂波提供了依据。通过设计恰当的滤波器，使其幅频特性在0频附近具有大的衰减，就达到了抑制杂波的目的。

7.1.1　脉冲对消器

雷达采用式(5.46)所示的相参矩形脉冲串信号$u(t)$作为工作波形，选取其连续两个周期回波信号在t时刻的值$r_i(t)$、$r_{i+1}(t)$；将先到来的回波信号$r_i(t)$通过一个延迟单元进行时长T_r的延迟，当$r_{i+1}(t)$到来时，与延迟单元输出的$r_i(t)$作差，如图7.1所示，这就是一个基本的脉冲对消器。

设图7.1所示脉冲对消器的输入、输出信号分别记为$x(t)$、

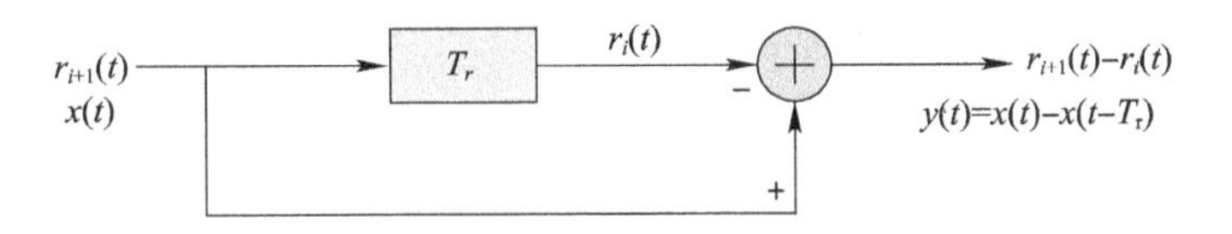

图 7.1　一次脉冲对消器原理图

$y(t)$,则该脉冲对消器可用式(7.1)描述。

$$y(t)=x(t)-x(t-T_{\mathrm{r}})=x(t)\cdot[\delta(t)-\delta(t-T_{\mathrm{r}})] \tag{7.1}$$

于是可知该脉冲对消器的单位冲击响应 $h(t)$ 为

$$h(t)=\delta(t)-\delta(t-T_{\mathrm{r}}) \tag{7.2}$$

其频率响应函数如式(7.3)所示,幅度归一化的幅频特性如图 7.2所示。

$$\begin{aligned} H(f) &= \int[\delta(t)-\delta(t-T_{\mathrm{r}})]\mathrm{e}^{-\mathrm{j}2\pi ft}\mathrm{d}t \\ &= 1-\mathrm{e}^{-\mathrm{j}2\pi fT_{\mathrm{r}}} \\ &= 2\mathrm{j}\cdot\mathrm{e}^{-\mathrm{j}\pi fT_{\mathrm{r}}}\cdot\frac{\mathrm{e}^{\mathrm{j}\pi fT_{\mathrm{r}}}-\mathrm{e}^{-\mathrm{j}\pi fT_{\mathrm{r}}}}{2\mathrm{j}} \\ &= 2\sin(\pi fT_{\mathrm{r}})\mathrm{e}^{-\mathrm{j}\pi fT_{\mathrm{r}}+\frac{\pi}{2}} \end{aligned} \tag{7.3}$$

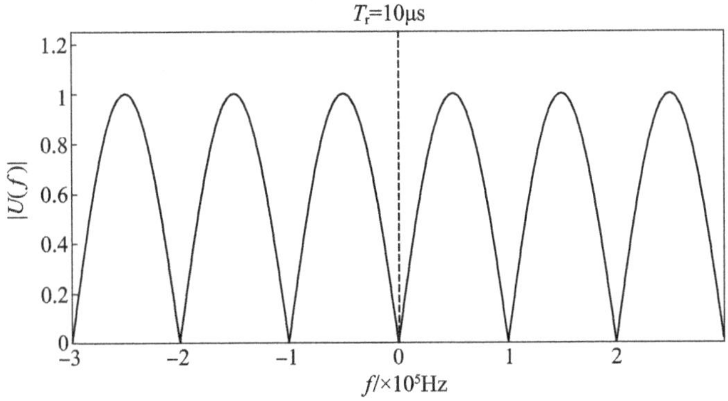

图 7.2　一次脉冲对消器幅频特性图

从图 7.2 可知，信号通过该对消器，0 频附近频率分量将被凹口抑制。由于该对消器对 2 个脉冲进行了 1 次对消，因此称为一次脉冲对消器或二脉冲对消器。如果需要凹口进一步加宽，可将一次脉冲对消器级联，如图 7.3 所示。

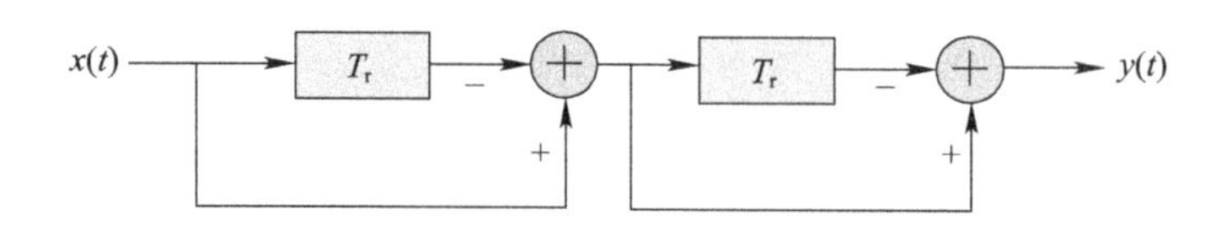

图 7.3　二次脉冲对消器原理图

二次脉冲对消器（三脉冲对消器）可用式(7.4)描述。

$$y(t)=x(t)-2x(t-T_r)+x(t-2T_r) \tag{7.4}$$

根据式(7.4)，二次脉冲对消器原理框图可用图 7.4 表示，与图 7.3 等价。

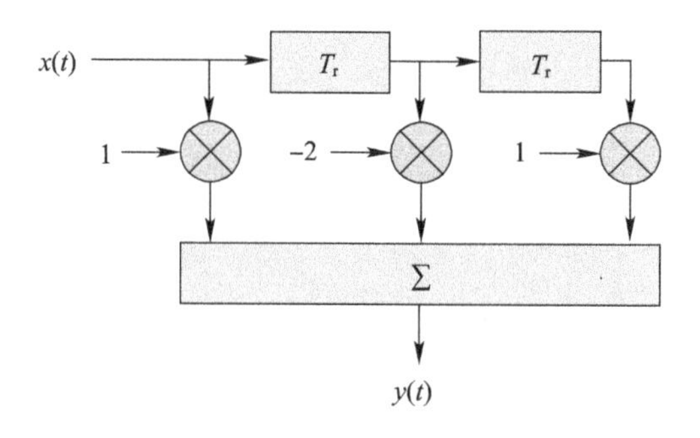

图 7.4　二次脉冲对消器统一结构图

若将一次脉冲对消器级联 $n-1$ 次（包含 n 个延迟单元，即 n 次脉冲对消器），则其输出 $y(t)$ 可用通式表示，如式(7.5)所示，频率响应函数如式(7.6)所示，结构图可统一表示，如图 7.5所示。

$$y(t) = \sum_{k=0}^{n} w_k \cdot x(t - kT_r)$$

$$= \sum_{k=0}^{n} (-1)^k \frac{n!}{(n-k)!k!} x(t - kT_r) \tag{7.5}$$

$$H(f) = [2\sin(\pi f T_r)]^n e^{(-j\pi f T_r + \frac{\pi}{2}) \cdot n} \tag{7.6}$$

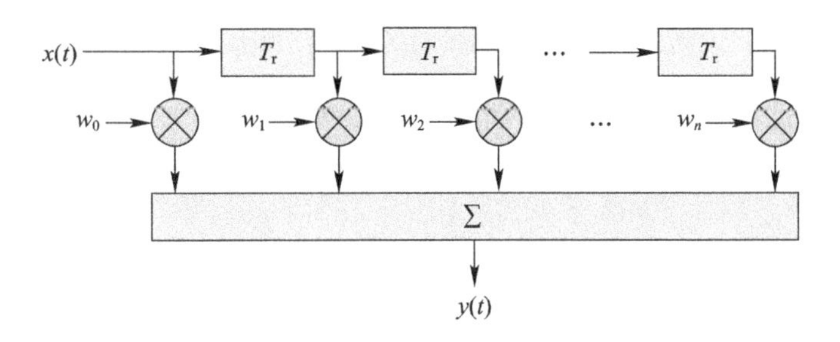

图 7.5　脉冲对消器统一结构图

事实上，对消器级联的次数增多后，虽然 0 频附近凹口展宽，但通带增益下降，如图 7.6 所示，这对于检测运动目标不利，因此工程上对消器的级联次数一般不会很大。

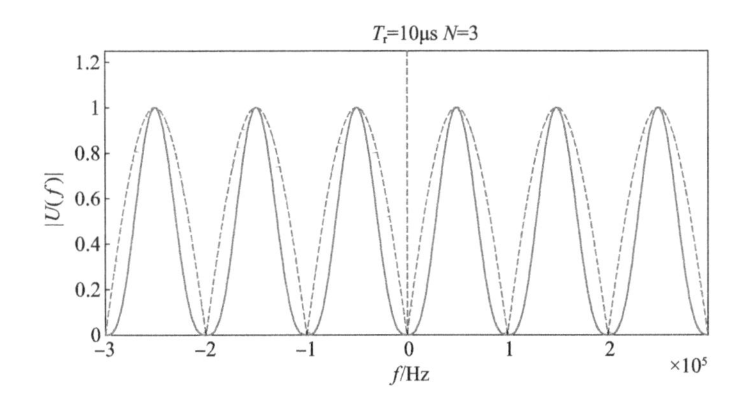

图 7.6　多次脉冲对消器幅频特性图

脉冲对消器能够通过在 0 频附近形成凹口，达到抑制固定、慢速杂波的效果，从而使运动目标从杂波背景中分离出来，因此这项技术也称为动目标显示(MTI)技术。

7.1.2 盲相与盲速

通过上面对脉冲对消器的分析,可得到以下4点:

(1) 脉冲对消器需要雷达使用相参脉冲串信号作为工作波形。

(2) 脉冲对消器的输入信号需要去掉雷达回波中的载频,保留多普勒频率f_d,否则无法把0频附近的杂波抑制掉。

(3) 根据(2)中的去载频保留多普勒频率f_d的需求,至少需要使用一路相位检波器用于提取多普勒频率f_d。

(4) 根据(3)的相位检波器需求,需要全相参体制,以避免多个信号源带来的频率和相位误差。

结合上述4点,图7.7所示为脉冲对消器的一般应用场景。

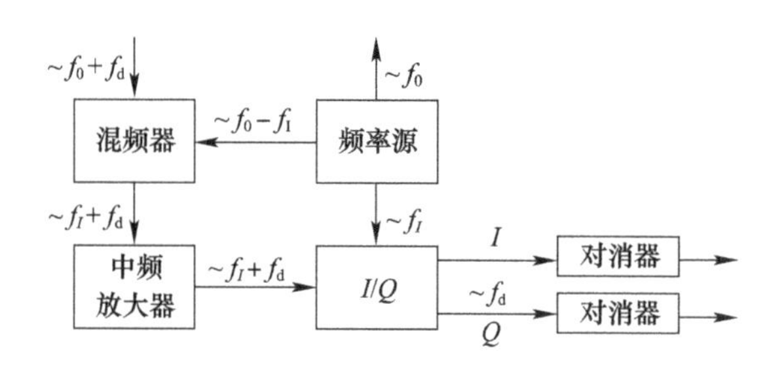

图7.7 脉冲对消器应用框图

结合图7.7,下面分析脉冲对消器的输入信号样式。由于雷达采用相参矩形脉冲串信号$u(t)$作为工作波形,其发射、接收的时序如图7.8所示,即雷达每发射一个脉冲后会打开接收机接收回波。

假设距离R_0处有一目标Tgt,则其回波时延为$t_r=2R_0/c$;设该

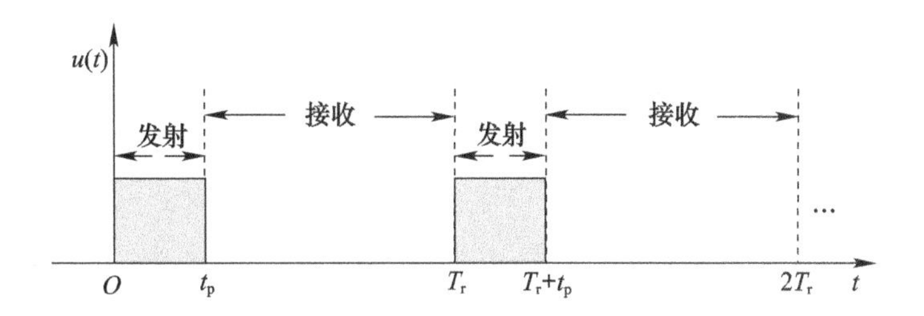

图 7.8　相参矩形脉冲串波形发射接收时序示意图

目标产生多普勒频移为 f_{d}；按照发射波形表达式(5.46)和式(2.16)所示的正交相位检波器输出信号模型，得到目标 Tgt 回波信号经正交相位检波后 $r(t)$ 的表达式，如式(7.7)所示。

$$r(t)=A_0\cdot\left[\sum_{m=0}^{N-1}u_1(t-mT_{\mathrm{r}}-t_{\mathrm{r}})\right]\cdot \mathrm{e}^{\mathrm{j}2\pi f_{\mathrm{d}}(t-t_{\mathrm{r}})} \tag{7.7}$$

根据雷达的发射、接收时序，若用$\lfloor\cdot\rfloor$表示向下取整，则雷达在第 $n=\lfloor t_{\mathrm{r}}/T_{\mathrm{r}}\rfloor$ 个接收周期能够第一次接收到该目标回波；在随后的每个接收周期中，都能收到该目标回波；且在每个周期中回波相对本周期起始时刻的时延均为 $t_{\mathrm{r}}'=t_{\mathrm{r}}-n\cdot T_{\mathrm{r}}$，代入式(7.7)，有

$$r(t)=A_0\cdot\left[\sum_{m=0}^{N-1}u_1(t-mT_{\mathrm{r}}-t_{\mathrm{r}}'-nT_{\mathrm{r}})\right]\cdot \mathrm{e}^{\mathrm{j}2\pi f_{\mathrm{d}}(t-t_{\mathrm{r}})} \tag{7.8}$$

由于第 n 个接收周期中收到的回波是由第一个发射脉冲产生的，即式(7.8)中 $m=0$ 的部分，因此该周期中的回波信号 $r_1(t)$ 的表达式为

$$r_1(t)=A_0\cdot u_1(t-t_{\mathrm{r}}'-nT_{\mathrm{r}})\cdot \mathrm{e}^{\mathrm{j}2\pi f_{\mathrm{d}}(t-t_{\mathrm{r}})} \tag{7.9}$$

引入另一时间变量 t'，以第 n 个接收周期的起始时刻作为 t' 的 0 点，即 $t'=t-nT_{\mathrm{r}}$，代入式(7.9)，得

$$r_1(t')=A_0\cdot u_1(t'-t_{\mathrm{r}}')\cdot \mathrm{e}^{\mathrm{j}2\pi f_{\mathrm{d}}(t'-t_{\mathrm{r}}+nT_{\mathrm{r}})} \tag{7.10}$$

类似地，在第 $n+1$ 个接收周期中，收到的目标 Tgt 回波为式(7.8)中 $m=1$ 的部分，有

$$r_2(t') = A_0 \cdot u_1(t - T_r - t'_r - nT_r) \cdot e^{j2\pi f_d(t-t_r)} \tag{7.11}$$

以第 $n+1$ 个接收周期的起始时刻作为 t' 的 0 点，即 $t' = t - (n+1)T_r$，代入式(7.11)，得

$$r_2(t') = A_0 \cdot u_1(t' - t'_r) \cdot e^{j2\pi f_d(t' - t_r + nT_r + T_r)} = r_1(t') e^{j2\pi f_d T_r} \tag{7.12}$$

根据以上分析可知，对于目标 Tgt，雷达从第 n 个接收周期开始收到的 N 个周期回波信号如式(7.13)所示（为书写简便，将 t' 换为 t，但物理意义不变，即以每周期起始时刻为 0 点）。

$$\begin{cases} r_1(t) = r_1(t) \\ r_2(t) = r_1(t) e^{j2\pi f_d T_r} \\ r_3(t) = r_1(t) e^{j2\pi f_d 2T_r} \\ \quad\vdots \\ r_N(t) = r_1(t) e^{j2\pi f_d (N-1) T_r} \end{cases} \tag{7.13}$$

若只关注每周期在 t'_r 处的幅度，设 $r_1(t'_r) = A_1$，则根据式(7.13)，有

$$\begin{cases} r_1(t'_r) = A_1 \\ r_2(t'_r) = A_1 e^{j2\pi f_d T_r} \\ r_3(t'_r) = A_1 e^{j2\pi f_d 2T_r} \\ \quad\vdots \\ r_N(t'_r) = A_1 e^{j2\pi f_d (N-1) T_r} \end{cases} \tag{7.14}$$

展开得

$$\begin{cases} r_1(t_r') = A_1\cos(2\pi f_d 0T_r) + jA_1\sin(2\pi f_d 0T_r) \\ r_2(t_r') = A_1\cos(2\pi f_d 1T_r) + jA_1\sin(2\pi f_d 1T_r) \\ r_3(t_r') = A_1\cos(2\pi f_d 2T_r) + jA_1\sin(2\pi f_d 2T_r) \\ \qquad\qquad \vdots \\ r_N(t_r') = A_1\cos(2\pi f_d (N-1)T_r) + jA_1\sin(2\pi f_d (N-1)T_r) \end{cases} \tag{7.15}$$

根据式(7.15)可知,目标 Tgt 产生的 N 个周期回波信号经正交相位检波后,在同相通道相对时延 t_r'处输出的 N 个值,实质是对 $A_1\cos(2\pi f_d t)$以 T_r 为间隔的采样;在正交通道相对时延 t_r'处输出的 N 个值,实质是对 $A_1\sin(2\pi f_d t)$以T_r 为间隔的采样。

图 7.9 所示为 N 个周期回波信号在时延 t_r'处切片示意图。

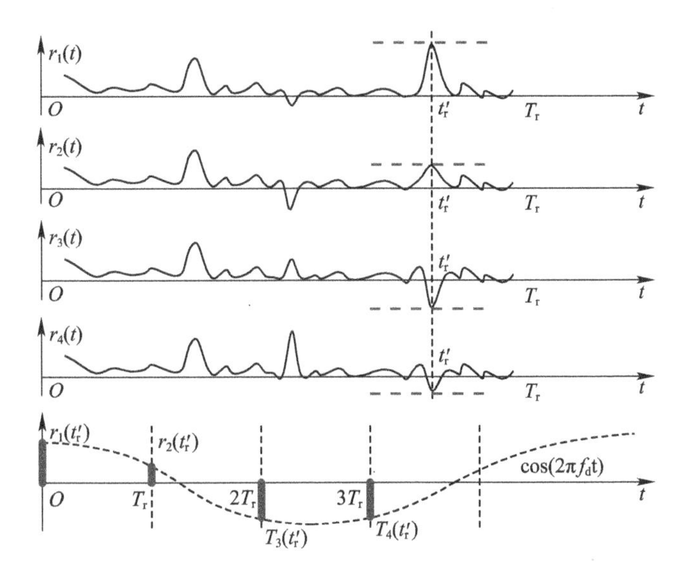

图 7.9　N 个周期回波信号在时延 t_r'处切片示意图

当出现图 7.10 所示的情况时,进行脉冲对消后,运动目标将不能稳定输出,这种现象称为盲相。解决盲相的办法就是采用正交相位检波,当某一路出现盲相时,另一路一定能够正常输出。

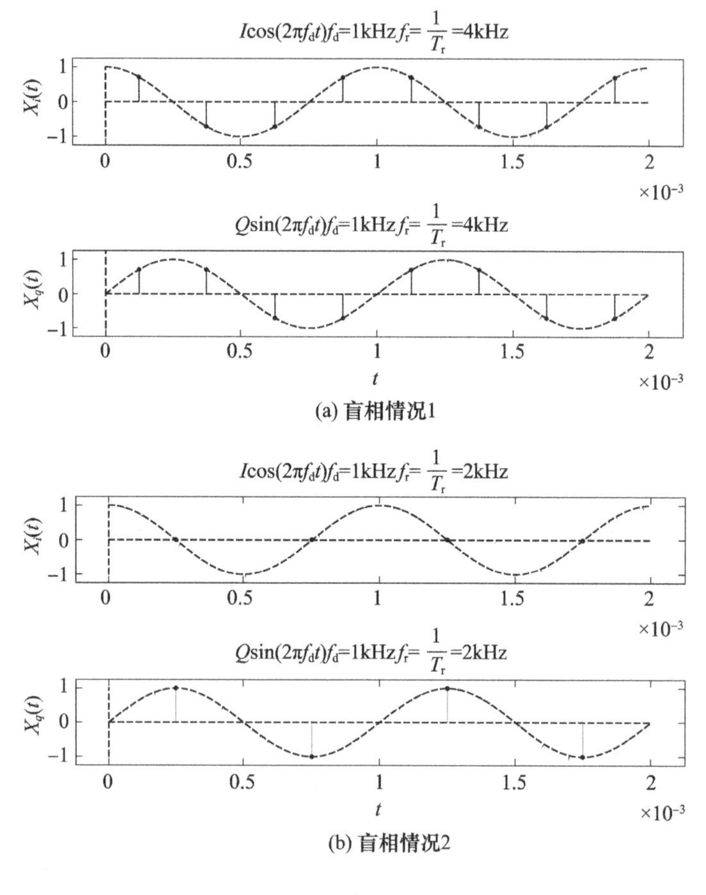

(a) 盲相情况1

(b) 盲相情况2

图 7.10　盲相示意图

当多普勒频率 f_d 恰好成为脉冲重复频率 $f_r=1/T_r$ 的整数倍时,如图 7.11 所示,进行脉冲对消后,运动目标信号将被完全抑制掉,这种现象称为盲速。盲速本质上是由于脉冲对消器幅频函数周期性地出现零点导致的,零点位置就是整数倍的 f_r,见图 7.6。由于 $\pm f_r$ 是第一个出现的盲速频点,因此 f_r 称为第一盲速。

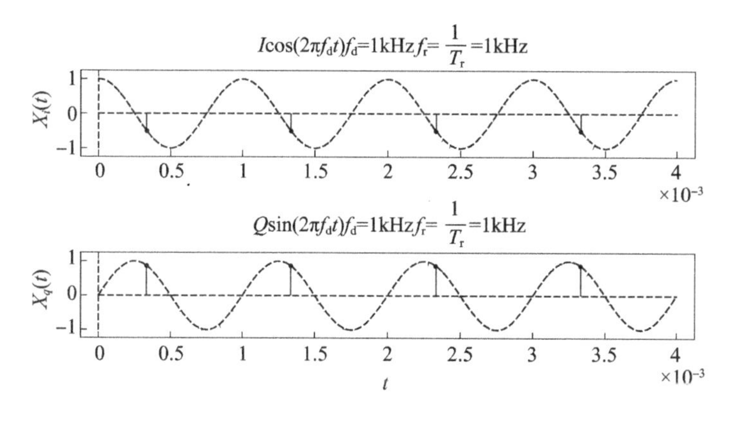

图 7. 11　盲速示意图

可以用一组参差重频的脉冲串信号来缓解盲速问题。设相参矩形脉冲串信号相邻脉冲的重复周期不同，分别为 $T_{r1}=k_1T_r$、$T_{r2}=k_2T_r$、$T_{r3}=k_3T_r$，如图 7. 12 所示，该信号所对应的脉冲对消器如图 7. 13 所示。

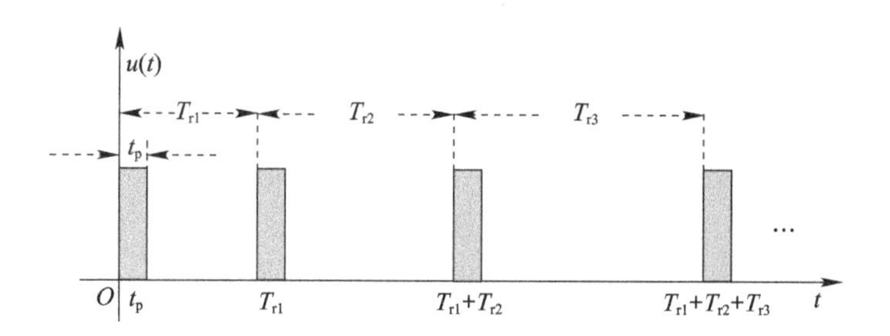

图 7. 12　参差重频脉冲串信号示意图

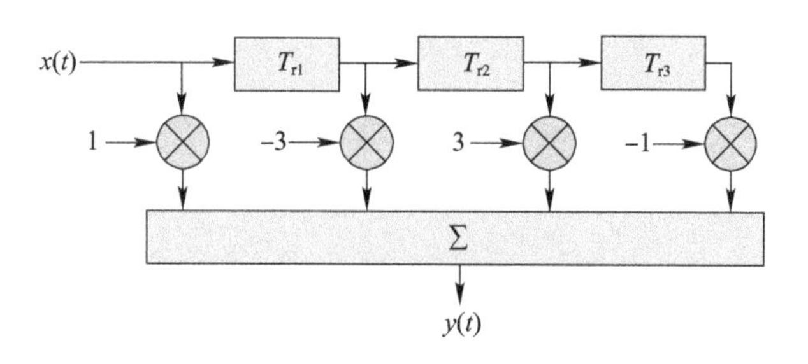

图 7. 13　参差重频脉冲对消器原理图

根据图 7.13，该参差重频脉冲对消器的输出 $y(t)$ 为

$$y(t) = x(t) - 3x(t - k_1 T_r) + 3x(t - k_1 T_r - k_2 T_r) - x(t - k_1 T_r - k_2 T_r - k_3 T_r) \quad (7.16)$$

根据式(7.16)可得该参差重频脉冲对消器的频率响应函数为

$$H(f) = 1 - 3e^{-j2\pi f K_1 T_r} + 3e^{-j2\pi f(K_1 + K_2) T_r} - e^{-j2\pi f(K_1 + K_2 + K_3) T_r} \quad (7.17)$$

由式(7.17)可知，其幅频函数零点(盲速频点)出现在

$$f = 0, \pm\frac{1}{T_r}, \pm\frac{2}{T_r}, \pm\frac{3}{T_r}, \cdots \quad (7.18)$$

如果不使用参差重频，而是采用 $k_1 T_r$、$k_2 T_r$、$k_3 T_r$ 的平均值作为脉冲串信号的重复周期，那么该信号的第一盲速应为

$$f' = \frac{1}{\frac{k_1 T_r + k_2 T_r + k_3 T_r}{3}} = \frac{3}{k_1 T_r + k_2 T_r + k_3 T_r} \quad (7.19)$$

因此，采用参差重频后，第一盲速是采用平均周期第一盲速的 K 倍，K 为参差比的平均数。

$$K = \frac{f}{f'} = \frac{\frac{1}{T_r}}{\frac{3}{k_1 T_r + k_2 T_r + k_3 T_r}} = \frac{1}{3}(k_1 + k_2 + k_3) \quad (7.20)$$

通过上述推导可知，参差重频脉冲串在没有更多占用发射和接收信号用时的前提下，扩大了第一盲速。如果将参差重频的个数推广到 N 个，那么第一盲速提高为采用平均周期第一盲速的 $\sum_{n=1}^{N} k_n / N$ 倍。

7.2 多普勒滤波器组

通过动目标显示(MTI)技术,可以将运动目标与固定/慢速杂波进行分离。但如果需要在速度上进一步对目标、较快速杂波(如飞鸟)进行细分,那么 MTI 就无能为力了。为了解决这一问题,可以构建幅频特性如图 7.14 所示的滤波器组。

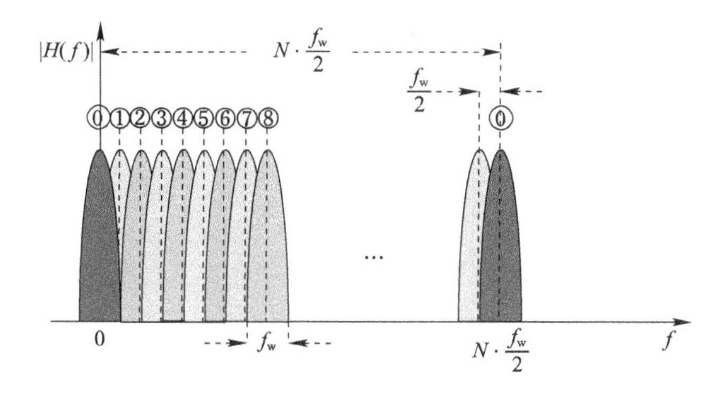

图 7.14 多普勒滤波器组幅频特性示意图

图 7.14 中的滤波器组包含了 N 个窄带滤波器,编号为 $0\sim N-1$;每个滤波器的通带宽度 f_w(零点宽度)相同;各滤波器通带中心频率间隔为通带宽度的一半,即 $f_w/2$;N 个滤波器共同覆盖一定的频率空间,即 $Nf_w/2$。当信号分别通过这 N 个窄带滤波器后,通带中心频率与信号多普勒频率 f_d 最为接近的窄带滤波器将输出最大,从而实现对目标速度的分类。需要注意的是,图 7.14 将 N 个窄带滤波器的幅频特性进行了同时展示,但实际信号是分别通过每个窄带滤波器的,从而得到 N 个输出结果,然后对 N 个输出结果进行比对,进而得到速度的分类。

窄带滤波器的实现方法如图 7.15 所示，图中系数$\omega_{k,i}$为

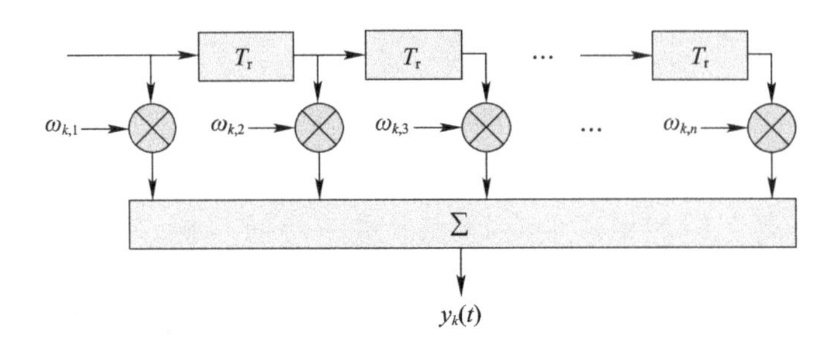

图 7.15　多普勒滤波器组结构图

$$\omega_{k,i}=\mathrm{e}^{\mathrm{j}2\pi(i-1)\frac{k}{N}}\quad i=1,2,\cdots,N;k=0,1,\cdots,N-1 \tag{7.21}$$

式中：k 表示编号为 k 的窄带滤波器。设 k 号滤波器输出为 $y_k(t)$，则有

$$\begin{aligned}y_k(t)&=\omega_{k,1}\cdot x(t)+\omega_{k,2}\cdot x(t-T_\mathrm{r})+\cdots+\omega_{k,N}\cdot x[t-(N-1)T_\mathrm{r}]\\&=x(t)\cdot\sum_{i=1}^{N}\omega_{k,i}\cdot\delta[t-(i-1)T_\mathrm{r}]\end{aligned} \tag{7.22}$$

由式(7.22)得 k 号滤波器的单位冲激响应 $h_k(t)$ 为

$$h_k(t)=\sum_{i=1}^{N}\omega_{k,i}\cdot\delta[t-(i-1)T_\mathrm{r}] \tag{7.23}$$

于是可求 $h_k(t)$ 的频率响应函数 $H_k(f)$ 为

$$\begin{aligned}H_k(f)&=\sum_{i=1}^{N}\int\omega_{k,i}\cdot\delta[t-(i-1)T_\mathrm{r}]\mathrm{e}^{-\mathrm{j}2\pi ft}\mathrm{d}t\\&=\sum_{i=1}^{N}\int\delta[t-(i-1)T_\mathrm{r}]\cdot\mathrm{e}^{\mathrm{j}2\pi(i-1)\frac{k}{N}}\cdot\mathrm{e}^{-\mathrm{j}2\pi ft}\mathrm{d}t\\&=\sum_{i=1}^{N}\mathrm{e}^{\mathrm{j}2\pi(i-1)\frac{k}{N}}\cdot\mathrm{e}^{-\mathrm{j}2\pi f(i-1)T_\mathrm{r}}\end{aligned}$$

$$= \sum_{i=1}^{N} e^{j2\pi(i-1)\left(\frac{k}{N}-fT_r\right)}$$

$$= \frac{1 - e^{j2\pi N\left(\frac{k}{N}-fT_r\right)}}{1 - e^{j2\pi\left(\frac{k}{N}-fT_r\right)}}$$

$$= \frac{e^{j\pi N\left(\frac{k}{N}-fT_r\right)}}{e^{j\pi\left(\frac{k}{N}-fT_r\right)}} \cdot \frac{e^{j\pi N\left(\frac{k}{N}-fT_r\right)} - e^{-j\pi N\left(\frac{k}{N}-fT_r\right)}}{e^{j\pi\left(\frac{k}{N}-fT_r\right)} - e^{-j\pi\left(\frac{k}{N}-fT_r\right)}}$$

$$= e^{j\pi(N-1)\left(\frac{k}{N}-fT_r\right)} \cdot \frac{\sin\left[\pi N\left(\frac{k}{N}-fT_r\right)\right]}{\sin\left[\pi\left(\frac{k}{N}-fT_r\right)\right]} \tag{7.24}$$

根据式(7.24)进而得到滤波器的幅频函数为

$$|H_k(f)| = \left|\frac{\sin\left[\pi N\left(\frac{k}{N}-fT_r\right)\right]}{\sin\left[\pi\left(\frac{k}{N}-fT_r\right)\right]}\right| = \left|\frac{\sin\left[\pi NT_r\left(f-\frac{k}{NT_r}\right)\right]}{\sin\left[\pi T_r\left(f-\frac{k}{NT_r}\right)\right]}\right| \tag{7.25}$$

以 $k=0$,即第 0 号滤波器为例,其幅频函数为

$$|H_0(f)| = \left|\frac{\sin(\pi NfT_r)}{\sin(\pi fT_r)}\right| \tag{7.26}$$

按照式(7.25)、式(7.26),当 k 从 0 向 $N-1$ 逐渐增大时,所得到的幅频函数相当于$|H_0(f)|$向右按 $1/NT_r$ 为间隔进行移动,于是得到 N 个滤波器。单个滤波器的幅频特性如图 7.16 所示,因此图 7.14 所表示的多普勒滤波器组幅频特性图是仅显示了各滤波器幅频函数主瓣的示意图。

每个滤波器幅频函数的第一零点为 $\pm 1/NT_r$,取 $f_r=1/T_r$,将滤

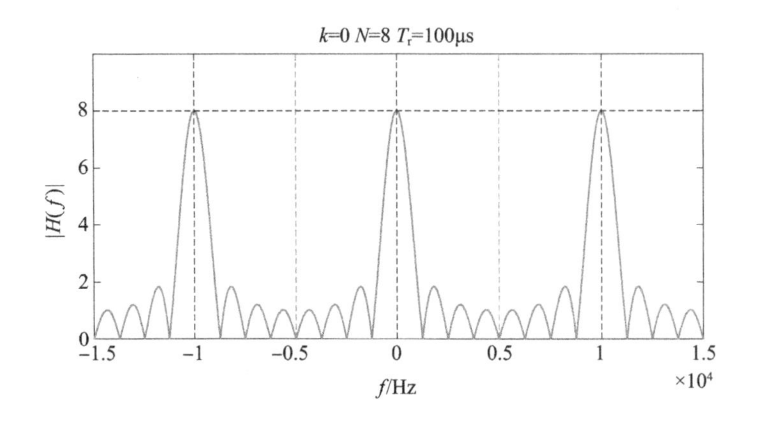

图 7.16　单个多普勒滤波器幅频特性图

波器幅频函数主瓣作为通带,则通带零点宽度为 $2f_r/N$;相邻滤波器通带中心频率间隔为 f_r/N,N 个滤波器联合覆盖0 ~f_r 的频率空间。

关于多普勒滤波器组,需要注意以下几点:

(1) 从图 7.15 可以看出,雷达工作波形应为相参脉冲串信号,具有 N 个脉冲周期,N 是多普勒滤波器组中滤波器的个数;多普勒滤波器组的输入信号应去掉载频,需要使用相位检波器用于提取保留多普勒频率 f_d;需要全相参雷达体制。

(2) 为什么需要覆盖的频率空间是0 ~f_r? 根据(1)可知图 7.9给出的输入信号示意图同样适用于多普勒滤波器组;从图 7.9可以看出,脉冲串相当于是对频率为 f_d 的连续信号进行采样,采样频率为 f_r;根据采样定理,采样后的信号频谱将会按照 f_r 为间隔进行周期搬移,信号频谱如果原先未在 0 ~f_r 范围内,那么周期搬移后,会落入 0 ~f_r 范围内;因此 0 ~f_r 就是采样后信号的最大频率空间,其他部分频域都是 0 ~f_r 的重复;所以,多普勒滤波器

组只需要覆盖 $0 \sim f_r$ 的频率空间，只不过原本超过 $0 \sim f_r$ 范围的频率量搬移到 $0 \sim f_r$ 后，会被误以为它就是在这个范围内的，从而出现了速度模糊，解决这种模糊问题将在后续章节中讲解。

（3）覆盖 $0 \sim f_r$ 的频率空间与覆盖 $-1/2f_r \sim 1/2f_r$ 的频率空间等效；$1/2f_r \sim f_r$ 对应 $-1/2f_r \sim 0$，如图 7.17（仅显示主瓣）所示。

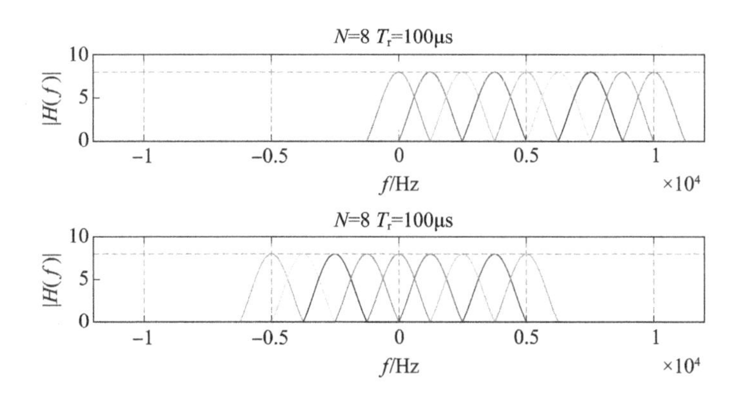

图 7.17　覆盖 $-1/2f_r \sim 1/2f_r$ 的多普勒滤波器组幅频特性图

（4）式（7.21）中的系数 $\omega_{k,i}$，表示的是第 k 个窄带滤波器的第 i 个系数；由于共有 N 个滤波器，因此所有的滤波器系数是一个 $N \times N$ 矩阵，如式（7.27）所示，该矩阵为对角阵，式中每行或每列表示一个滤波器的 N 个系数；基于式（7.27），多普勒滤波器组的处理过程可等效为式（7.28）所表示的矩阵运算。

$$\begin{bmatrix} 1 & 1 & 1 & \cdots & 1 \\ 1 & e^{j2\pi\frac{1}{N}} & e^{j2\pi\frac{2}{N}} & \cdots & e^{j2\pi\frac{N-1}{N}} \\ 1 & e^{j2\pi\frac{2}{N}} & e^{j2\pi\frac{4}{N}} & \cdots & e^{j2\pi\frac{2(N-1)}{N}} \\ \vdots & \vdots & \vdots & & \vdots \\ 1 & e^{j2\pi\frac{N-1}{N}} & e^{j2\pi\frac{2(N-1)}{N}} & \cdots & e^{j2\pi\frac{(N-1)2}{N}} \end{bmatrix} \tag{7.27}$$

$$\begin{bmatrix} y_0(t) \\ y_1(t) \\ y_2(t) \\ \vdots \\ y_{N-1}(t) \end{bmatrix} = \begin{bmatrix} 1 & 1 & 1 & \cdots & 1 \\ 1 & e^{j2\pi\frac{1}{N}} & e^{j2\pi\frac{2}{N}} & \cdots & e^{j2\pi\frac{N-1}{N}} \\ 1 & e^{j2\pi\frac{2}{N}} & e^{j2\pi\frac{4}{N}} & \cdots & e^{j2\pi\frac{2(N-1)}{N}} \\ \vdots & \vdots & \vdots & & \vdots \\ 1 & e^{j2\pi\frac{N-1}{N}} & e^{j2\pi\frac{2(N-1)}{N}} & \cdots & e^{j2\pi\frac{(N-1)2}{N}} \end{bmatrix} \cdot \begin{bmatrix} x(t) \\ x(t-T_r) \\ x(t-2T_r) \\ \vdots \\ x[t-(N-1)T_r] \end{bmatrix} \tag{7.28}$$

(5) 多普勒滤波器组的处理结果就是在 N 个滤波器输出 $[y_0(t), y_1(t), y_2(t), \cdots, y_{N-1}(t)]$ 中比较，取同一时刻幅度最大的过门限输出，作为运动目标速度和距离的基本估计（涉及具体估计算法，此处略去）。例如，在时刻 t_m 处 $y_k(t_m)$ 在 $[y_0(t_m), y_1(t_m), y_2(t_m), \cdots, y_{N-1}(t_m)]$ N 个值中最大且过门限，则 t_m 所指示的距离上存在多普勒频率大约为 $k \cdot f_r/N$ 的运动目标；如(2)所述，这里给出的 t_m 和 $k \cdot f_r/N$，可能是有模糊的。

7.3 FFT 的功效

7.3.1 基本原理

图 7.15 所示为多普勒滤波器组结构图，对其实现方法有模拟

和数字两种。现代雷达数字化程度很高，当采用了数字正交相位检波器后，后端的多普勒滤波器组自然也会采用数字的方法实现。一旦采用了数字的实现方法后，滤波器组的设计就不再拘泥于图7.15了，可以采用更加灵活、快速的算法。

前面的章节讲解了匹配滤波器。当雷达工作波形 $u(t)$ 带入多普勒频率 f_d，经正交相位检波后成为 $u(t)e^{j2\pi f_d t}$，此时，让该信号通过 $u(t)$ 对应的匹配滤波器 $k \cdot u^*(t_d - t)$，显然会发生多普勒失配。要避免多普勒失配问题，必须让信号 $u(t)e^{j2\pi f_d t}$ 通过其自身所对应的匹配滤波器，即 $k \cdot u^*(t_d - t)e^{-j2\pi f_d(t_d - t)}$；将 $e^{-j2\pi f_d t_d}$ 与系数 k 合并，无多普勒失配问题的匹配滤波器应为 $k' \cdot u^*(t_d - t)e^{j2\pi f_d t}$，这相当于给 $u(t)$ 的匹配滤波器增加了 $e^{j2\pi f_d t}$ 作为频率补偿。

由于回波中的 f_d 并不知道，所以精准地给 $k \cdot u^*(t_d - t)$ 加频率补偿是无法实现的。那么，就可以考虑构建 N 个匹配滤波器，每个匹配滤波器都给 $k \cdot u^*(t_d - t)$ 加入频率补偿，每个补偿量相差一定的频偏 f_c，从而覆盖频率空间，如式(7.29)所示（为便于分析，系数 k 设为1，不影响分析结果）。

$$\begin{cases} h_0(t) = u^*(t_d - t) \\ h_1(t) = u^*(t_d - t)e^{j2\pi f_c t} \\ h_2(t) = u^*(t_d - t)e^{j2\pi 2 f_c t} \\ \quad\vdots \\ h_{N-1}(t) = u^*(t_d - t)e^{j2\pi(N-1)f_c t} \end{cases} \tag{7.29}$$

这样就会形成匹配滤波器组，信号 $u(t)e^{j2\pi f_d t}$ 分别通过该组中的每一个滤波器，频率补偿量与 f_d 最接近的滤波器多普勒失配最小,输出信号最大。从而通过比较这 N 个滤波器输出信号的大小,就可以实现对 f_d 的估计,完成对目标速度的区分。

7.3.2 等效实现

式(7.29)中的滤波器组如何用数字的方式实现?首先,单载频矩形脉冲信号 $u(t)$ 在数字信号中应表示为 $u(n)$;假设 $u(n)$ 为 M 点序列,匹配滤波器的峰值设计时刻取为 $M-1$,那么 $u(n)$ 的匹配滤波器可表示为 $ku^*(M-1-n)$。根据匹配滤波原理,当不发生多普勒失配时,输出信号应在 $M-1$ 处达到峰值。

设 $u(t)$ 数字化为 $u(n)$ 的采样频率为 f_s,按照7.2节的分析,匹配滤波器组需要覆盖的频率空间应为 $0\sim f_s$;若需构造 N 个匹配滤波器,则每个匹配滤波器频率补偿量的频偏 f_c 应为 f_s/N;于是,这一套滤波器组对频率的分辨能力也是 f_s/N,任何模拟域频率 f_d 都将被折叠到 $0\sim f_s$ 的范围内近似表示为整数倍的 f_s/N。例如,若 f_d 约为 f_s/N 的 p 倍,则在这套滤波器系统里,f_d 将被近似表示为 $p\cdot f_s/N$。按照数字信号处理理论,采样频率 f_s 对应数字域频率1,因此模拟域信号 $u(t)\mathrm{e}^{\mathrm{j}2\pi f_d t}$ 在数字域中应表示为 $u(n)\mathrm{e}^{\mathrm{j}\frac{2\pi}{N}pn}$。

仍取匹配滤波器的峰值设计时刻为 $M-1$,$u(n)\mathrm{e}^{\mathrm{j}\frac{2\pi}{N}pn}$ 的匹配滤波器应为

$$h(n)=ku^*(M-1-n)\mathrm{e}^{-\mathrm{j}\frac{2\pi}{N}p(M-1-n)} \tag{7.30}$$

由于不能预知 p,所以构造的 N 个匹配滤波器如式(7.31)所示。为便于分析,系数 k 设为1,不影响分析结果。相邻滤波器的频率补偿量相差 $1/N$,即模拟域中的 f_s/N。

$$
\begin{cases}
h_0(n) = u^*(M-1-n) \\
h_1(n) = u^*(M-1-n)\mathrm{e}^{-\mathrm{j}\frac{2\pi}{N}(M-1-n)} \\
h_2(n) = u^*(M-1-n)\mathrm{e}^{-\mathrm{j}\frac{2\pi}{N}2(M-1-n)} \\
\qquad\vdots \\
h_k(n) = u^*(M-1-n)\mathrm{e}^{-\mathrm{j}\frac{2\pi}{N}k(M-1-n)} \\
\qquad\vdots \\
h_{N-1}(n) = u^*(M-1-n)\mathrm{e}^{-\mathrm{j}\frac{2\pi}{N}(N-1)(M-1-n)}
\end{cases} \tag{7.31}
$$

当带了多普勒频率的信号 $x(n)=u(n)\mathrm{e}^{\mathrm{j}\frac{2\pi}{N}pn}$ 通过式(7.31)中编号为 k 的滤波器时,其输出 $y(n)$ 为

$$
\begin{aligned}
y(n) &= x(n) * h_k(n) \\
&= \sum_{m=0}^{M-1} x(m)h_k(n-m) \\
&= \sum_{m=0}^{M-1} x(m)u^*[M-1-(n-m)]\mathrm{e}^{-\mathrm{j}\frac{2\pi}{N}k[M-1-(n-m)]}
\end{aligned} \tag{7.32}
$$

根据本小节初始假设条件,由于 $u(n)$ 是矩形脉冲信号,即 $u(n)$ 是等值序列,且 $u(n)$ 有 M 点,所以有

$$
u^*(M-1-n) = u(M-1-n) = u(n) \tag{7.33}
$$

将式(7.33)代入式(7.32),得

$$
y(n) = \sum_{m=0}^{M-1} x(m)u(n-m)\mathrm{e}^{-\mathrm{j}\frac{2\pi}{N}k[M-1-(n-m)]} \tag{7.34}
$$

由于匹配滤波器的峰值设计时刻为 $M-1$,因此取 $y(n)$ 在

$M-1$处的值,如式(7.35)所示。式中进一步假设等值序列 $u(n)$ 的幅度为1(如果 $u(n)$ 的幅度不是1而是任意值 A,也只是给结果增加了系数 A,不影响结论)。

$$\begin{aligned} y(M-1) &= \sum_{m=0}^{M-1} x(m)u(M-1-m)\mathrm{e}^{-\mathrm{j}\frac{2\pi}{N}k[M-1-(M-1-m)]} \\ &= \sum_{m=0}^{M-1} x(m)u(m)\mathrm{e}^{-\mathrm{j}\frac{2\pi}{N}km} \\ &= \sum_{m=0}^{M-1} x(m)\mathrm{e}^{-\mathrm{j}\frac{2\pi}{N}km} \end{aligned} \tag{7.35}$$

式中:M 为序列 $u(n)$ 的点数;N 为滤波器个数。

若在雷达系统设计时,刻意使序列 $u(n)$ 的点数与滤波器个数相等,即取 $M=N$,则式(7.35)可变为

$$y(N-1) = \sum_{m=0}^{N-1} x(m)\mathrm{e}^{-\mathrm{j}\frac{2\pi}{N}km} = X(k) \tag{7.36}$$

式中:$X(k)$ 为输入信号 $x(n)$ 的离散傅里叶变换(DFT)的第 k 个值。

由以上推导可知,信号 $x(n)$ 通过匹配滤波器组中编号为 k 的滤波器,取输出信号在设计峰值时刻 $N-1$ 处的值,恰好是 $x(n)$ 离散傅里叶变换的第 k 个值。

因此,当信号 $x(n)$ 依次通过编号为 $0,1,2,\cdots,N-1$ 的滤波器,每个滤波器的输出都取设计峰值时刻 $N-1$ 处的值时,将会依次得到 $x(n)$ 离散傅里叶变换的第 $0,1,2,\cdots,N-1$ 个值,它们就是 $x(n)$ 进行离散傅里叶变换的全部结果。为什么要取 $N-1$ 处的值?因为与信号 $x(n)$ 最匹配的滤波器一定在 $N-1$ 处输出峰值,且这个值比其他滤波器输出的 $N-1$ 处的值都大,所以要想知道哪

个滤波器与输入信号最匹配，只需要看哪个滤波器输出信号在 $N-1$ 处最大即可。

所以，式 7.31 中的匹配滤波器组，可以用离散傅里叶变换来等效，工程中用快速傅里叶变换（FFT）来实现。实际使用中，将 N 点序列 $x(n)$ 进行 N 点 FFT，得到的结果仍为 N 点序列；将该序列值依次编号为 $0 \sim N-1$，取其中最大值所对应的序号，假设为 k，则说明式（7.31）中的第 k 个滤波器与 $x(n)$ 最匹配，于是形成多普勒频率估计值 $k \cdot f_s/N$（实际系统中还有更加完善的估计算法，此处略去），从而完成对目标速度的区分。

7.3.3 使用条件

通过 FFT 可等效实现匹配滤波器组的处理效果，那么使用这种方法，是否有前提条件？在 7.3.2 节的分析中，给出了首先需要具备的条件，就是使序列 $u(n)$ 的点数与滤波器个数相等；而滤波器个数就是做 FFT 的点数，所以如果需要做 N 点的 FFT，序列 $u(n)$ 就应该是 N 点的。另外，在 7.3.2 节的推导中，还假设了 $u(n)$ 是单载频矩形脉冲信号，即是等值序列。

根据 7.3.2 节，FFT 等效的滤波器组对频率的分辨能力是 f_s/N，f_s 是序列 $u(n)$ 的采样频率。若用 T_s 表示采样周期，那么频率分辨能力也可表示为 $1/NT_s$。显然，只有 NT_s 足够大，频率分辨能力才能满足要求。N 是 $u(n)$ 的点数，T_s 是 $u(n)$ 两个相邻点的时间间隔，因此 NT_s 表示信号 $u(n)$ 的时间长度。所以，信号 $u(n)$ 的时间长度直接决定了频率的分辨力，这其实与数字信号处理理论中频率分辨力取决于观测时间是一致的。那么，NT_s 需要大到什么程度？表 7.1 按不同载频、不同速度分辨需求进行了对比。

表 7.1　不同载频和速度分辨对 NT_s 需求对比表

速度分辨				
载频	10m/s	50m/s	100m/s	200m/s
1GHz	15000μs	3000μs	1500μs	750μs
2 GHz	7500μs	1500μs	750μs	375μs
4 GHz	3750μs	750μs	375μs	187.5μs
8 GHz	1875μs	375μs	187.5μs	93.75μs
12 GHz	1250μs	250μs	125μs	62.5μs

从表 7.1 可以看出，即便速度分辨放宽到 200m/s、采用 12GHz 载频，仍需要 62.5μs 的信号时长。当雷达发射时长较大的信号时，由于发射时不能接收，所以带来的直接问题就是盲距较大。即便忽略盲距问题，按照上面的分析，需要使用矩形脉冲信号，那么信号时长大直接导致距离分辨力差。时宽 62.5μs 的矩形脉冲信号的距离分辨力为 9375m，这显然是不能接受的。

在使用单载频矩形脉冲信号的前提下，如何解决大信号时长 NT_s 与盲距、分辨力的矛盾呢？由于 NT_s 本质上是在描述 N 个采样点与采样点时间间隔 T_s 的乘积，既然是采样点，那么在两个相邻采样点之间，还有必要持续发射和接收信号吗？显然不必。所以，相参矩形脉冲串信号也能够满足大 NT_s 的要求。

设 $u(t)$ 为相参矩形脉冲串信号，即 $u(t) = \sum_{m=0}^{N-1} u_1(t - mT_r)$，包含 N 个脉冲，重复周期为 T_r。图 7.18 所示为 $u(t)$ 产生的 N 个周期的回波信号 $r_1(t), r_2(t), \cdots, r_N(t)$。经过数字正交相位检波后，回波信号实质为数字信号 $r_1(n), r_2(n), \cdots, r_N(n), n = 0, 1, \cdots, M$；相邻

采样点的时间间隔为数字正交相位检波器中 A/D 的采样周期$T_s^{A/D}$。

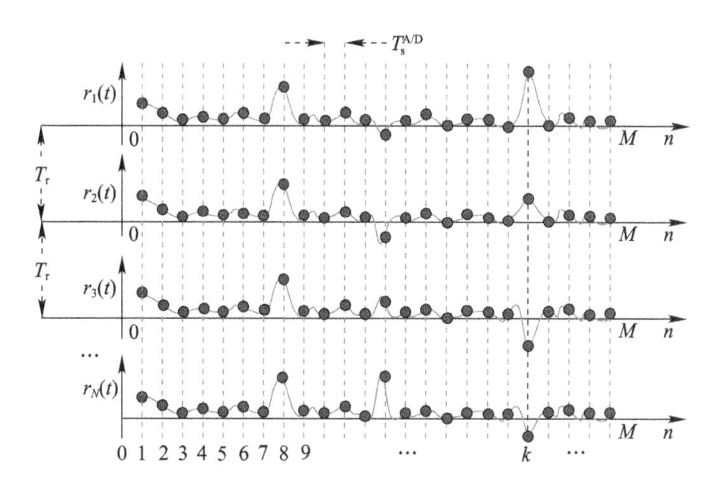

图 7.18　数字 I/Q 后相参矩形脉冲串信号回波示意图

取每个周期回波信号 $r_1(n), r_2(n), \cdots, r_N(n)$ 的相同序号点，例如 k 号点，组成一个新的序列 $x(n)=\{r_1(k), r_2(k), \cdots, r_N(k)\}$，显然序列 $x(n)$ 中的每一个点都来自于距离为 $k \cdot T_s^{A/D}+qT_r$ 的同一空间点产生的回波。那么 $x(n)$ 的意义可描述为：连续发射了时长为$N \cdot T_r$ 的单载频矩形脉冲信号，距离为 $k \cdot T_s^{A/D}+qT_r$ 的空间点产生了时长为$N \cdot T_r$ 的回波 $x(t)$，对 $x(t)$ 按 T_r 为周期进行采样，于是得到了序列 $x(n)$。接下来对 $x(n)$ 进行 N 点 FFT，即可实现等效的匹配滤波器组，该滤波器组覆盖频率范围为 $0 \sim 1/T_r$，包含 N 个有速度补偿的匹配滤波器，频率分辨力为 $1/NT_r$。设 $x(n)$ 进行 N 点 FFT 的结果为 $X(k), k=0,1,\cdots,N-1$，若第 m 号值 $X(m)$ 最大，则在由 $k \cdot T_s^{A/D}$ 代表的距离上，存在由 m/NT_r（实际系统中还有更加完善的估计算法，此处略去）代表其多普勒频率的目标。考虑

到回波时延对 T_r 的折叠和多普勒频率对 $f_r = 1/T_r$ 的折叠，实际的目标时延为 $k \cdot T_s^{A/D} + q_t T_r$、目标多普勒频率为 $m/NT_r + q_f f_r$，只不过 q_t、q_f 是多少，目前还不知道，需要一定的求解过程，该过程称为解模糊，见后续章节。

在上述处理流程中，信号 $x(n)$ 的等效时长为 $N \cdot T_r$，大小取决于相参矩形脉冲串的周期数 N 和周期长度 T_r，因此大时长 $N \cdot T_r$ 易于实现和控制；每周期实际发射的矩形脉冲 $u_1(t)$ 的时长决定了盲距和距离分辨力与 $N \cdot T_r$ 无关，所以本节开始所讨论的时长与盲距、距离分辨力矛盾的问题得到解决。根据匹配滤波器的频域表达式可知，单个匹配滤波器的幅频特性与时长为 $N \cdot T_r$ 的矩形脉冲的幅度谱相同，即 $|\mathrm{Sa}(\pi N T_r f)|$，如图 7.19 所示，第一零点在 $\pm 1/NT_r$；匹配滤波器组的幅频特性如图 7.20 所示，相邻匹配滤波器幅频函数的主瓣中心频率相差 $1/NT_r$，图中仅显示了各匹配滤波器幅频函数的主瓣。按照 7.2 节的分析，匹配滤波器组覆盖的频率空间为 $0 \sim 1/T_r$，等效于覆盖 $-1/2T_r \sim 1/2T_r$，$1/2T_r \sim 1/T_r$ 对应 $-1/2T_r \sim 0$。

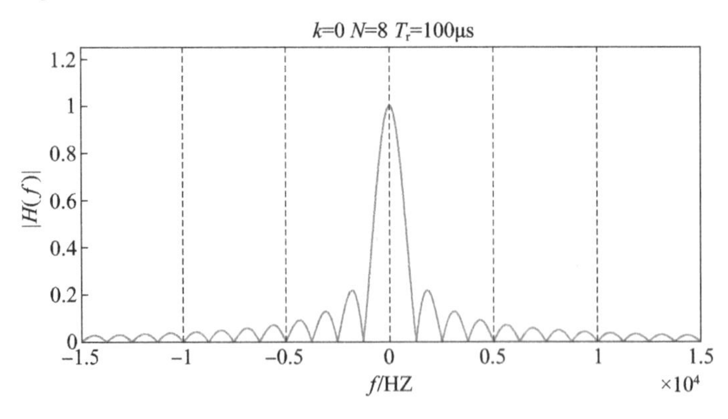

图 7.19　单个匹配滤波器幅频特性图

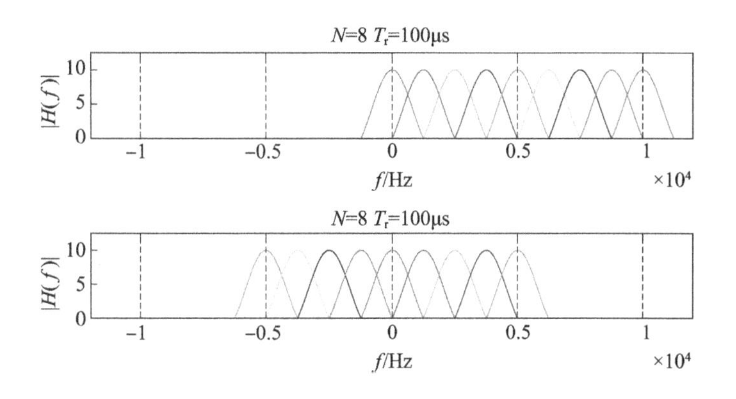

图 7.20　匹配滤波器组幅频特性图

序列 $x(n)=\{r_1(k),r_2(k),\cdots,r_N(k)\}$ 的采样周期为T_r,称为慢时间采样序列;与之对应,N 个周期的回波信号 $r_1(n),r_2(n),\cdots,r_N(n)$称为快时间采样序列,采样周期为$T_s^{A/D}$。

对序列 $x(n)$而言,让 k 从 $0\sim M$ 逐一取值,将能得到 $M+1$ 个慢时间采样序列,分别记作 $x_0(n),x_1(n),\cdots,x_M(n)$,每个序列做 N 点 FFT,依次记作$X_0(k),X_1(k),\cdots,X_M(k)$,将它们组成矩阵,如式(7.37)所示,称为距离—速度矩阵。

$$[X_0(k),X_1(k),\cdots,X_M(k)]=\begin{bmatrix} X_0(0) & X_1(0) & \cdots & X_M(0) \\ X_0(1) & X_1(1) & \cdots & X_M(1) \\ X_0(2) & X_1(2) & \cdots & X_M(2) \\ \vdots & \vdots & & \vdots \\ X_0(N-1) & X_1(N-1) & \cdots & X_M(N-1) \end{bmatrix} \tag{7.37}$$

对距离—速度矩阵按一定算法形成门限,将每个矩阵值与门限进行比较,过门限的矩阵值,例如 $X_m(p)$ 过门限,则表明在

$m \cdot T_s^{A/D} + q_t T_r$代表的距离上,存在多普勒频率估计值为 $p/NT_r + q_f f_r$ 的运动目标,q_t、q_f 可通过解模糊手段来得到。

至此,用 FFT 等效实现匹配滤波器组的处理效果,使用条件可总结如下:

(1) 雷达使用相参矩形脉冲串波形,按需要覆盖的无模糊速度范围确定脉冲重复频率。

(2) 雷达采用全相参体制。

(3) 按需要的速度分辨力,结合脉冲重复频率,确定做 FFT 的点数。

(4) 脉冲串的周期数一般应大于等于做 FFT 的点数,以确保慢时间采样序列长度足够。

需要说明的是,当采用的相参矩形脉冲串波形的每个脉冲增加了线性调频等调制后,仍然可以使用 FFT 等效匹配滤波器组,但是要在 FFT 前加入相应的处理环节。

7.4 动目标检测与速度测量

7.4.1 动目标检测

动目标检测(MTD)实质就是对不同速度的目标进行区分。7.2 节和 7.3 节用滤波器组的方式都实现了对目标速度的区分,因此它们都是实现 MTD 的重要手段。由于滤波器组能够对带入多普勒频率的信号具有很好的适应性,并总能通过频率补偿最接近的滤波器输出高的信号幅值以确保信噪比,因此滤波器组可以看作广义的匹配滤波器。

为减少固定/慢速杂波的影响，在滤波器组之前，往往先采用动目标显示技术对固定/慢速杂波进行抑制。在“杂波＋噪声＋信号”的场景中，动目标显示技术抑制杂波的过程类似于将“杂波＋噪声”的背景进行白化处理，因此脉冲对消器也可以看作近似的白化滤波器。

如图 7.21 所示为动目标检测系统功能框图，幅频特性示意图如图 7.22 所示。

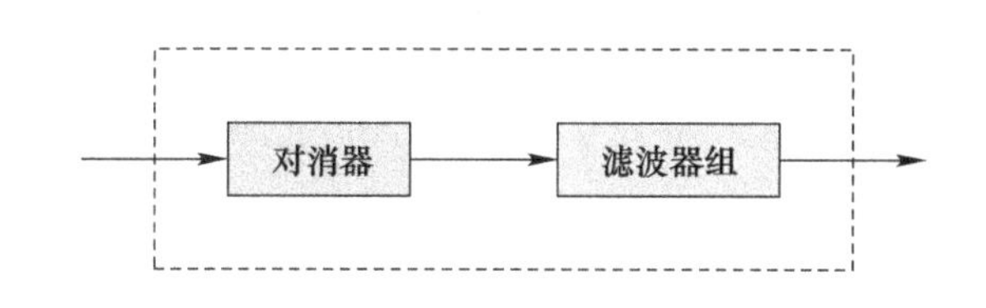

图 7.21　动目标检测系统功能框图

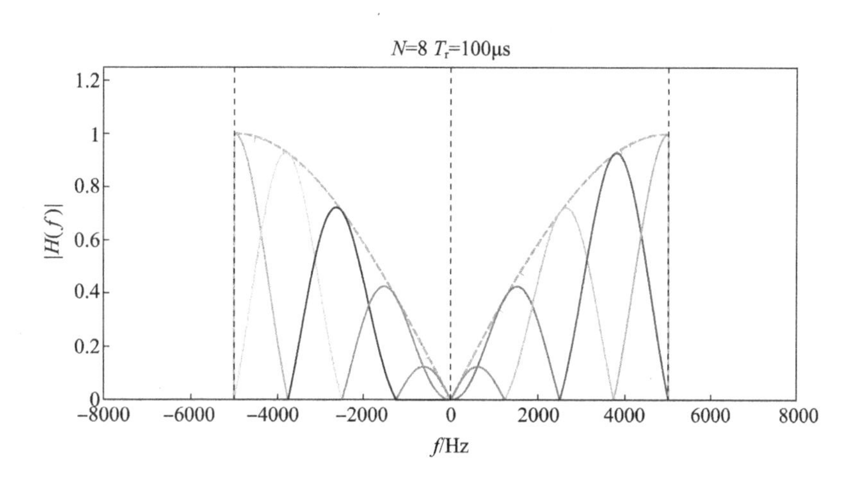

图 7.22　动目标检测系统幅频特性示意图

7.4.2　速度测量

1. 测量方法

在很多雷达系统中，测量速度使用的就是 7.3.2 节、7.3.3 节中分析的 FFT 方法。只不过为了确保测速的准确性，将频率空间 $f_r(f_r=1/T_r)$ 尽可能地进行了细分，即让 f_r/N 足够小。雷达工作中，根据 FFT 结果确定了滤波器编号后，利用特定算法将速度计算出来。

正如7.3.3节所述，该方法能够覆盖的频率范围为 $-f_r/2 \sim f_r/2$，任何多普勒频率 f_d 只要超出了 $-f_r/2 \sim f_r/2$ 的范围，就会以 f_r 为折叠频率被折叠到这个范围里。用算符$\lceil \cdot \rceil$表示向上取整，则频率折叠的算法如式(7.38)所示，式中 N_f 为折叠次数，f_d'为折叠到 $-f_r/2 \sim f_r/2$范围后的频率值。

$$N_f = \left\lceil \frac{f_d - \frac{f_r}{2}}{f_r} \right\rceil \quad f_d' = f_d - N_f \cdot f_r \tag{7.38}$$

显然，用 FFT 的方法对 f_d 进行测量，得到的频率值是 f_d'，折叠次数N_f 并不知道，因此 f_d'是有模糊的。注意，这里的模糊是多值的含义，与模糊函数中的模糊不同，后者的含义是不能分辨。对于有模糊的频率 f_d'，雷达需要用一定的手段来解模糊，以最终确定 f_d 并得到速度。只有原本就在频率范围 $-f_r/2 \sim f_r/2$ 内的 f_d，才是单值无模糊的，不需要解模糊。因此，对于雷达系统而言，$-f_r/2 \sim f_r/2$ 范围越大，或者说 f_r 越大，频率/速度解模糊的需求就越小。因此从测速的角度考虑，雷达系统所使用的相参脉冲串波形往往脉冲重复频率 f_r 都比较大，而且脉冲周期数 N 也较多，从而保证频率/速度无模糊范围足够大，速度的分辨力足够高。

雷达通过测量回波时延 t_r 来确定目标距离。但是在雷达系统使用的相参脉冲串波形时，由于雷达在多个周期中发射了脉冲，那么当前检测到的目标到底是由哪个周期的发射信号激励产生的，也很难确定，因此测距也存在多值性问题。真实的目标回波时延 t_r 会按照脉冲重复周期T_r 进行折叠。用算符$\lfloor\cdot\rfloor$表示向下取整，则时延折叠的算法如式(7.39)所示，式中N_t 为折叠次数，t'_r为折叠到 $0 \sim T_r$ 范围后的时延值。

$$N_t = \left\lfloor \frac{t_r}{T_r} \right\rfloor \quad t'_r = t_r - N_t \cdot T_r \tag{7.39}$$

由于折叠次数N_t 并不知道，因此 t'_r是有模糊的，雷达同样需要用一定的手段来解模糊，以最终确定 t_r 并得到距离。只有原本就在 $0 \sim T_r$ 范围内的 t_r，才是单值无模糊的，不需要解模糊。因此，对于雷达系统而言，T_r 越大，时延/距离解模糊的需求就越小，从测距的角度考虑，雷达系统所使用的相参脉冲串波形往往脉冲重复周期T_r 比较大，从而保证时延/距离的单值无模糊范围足够大。

通过上述对测距、测速模糊问题的分析可以发现，雷达使用相参矩形脉冲串波形，就会面临测距模糊和测速模糊的问题，缓解其中之一，就会造成另一问题加剧。因此，实际的雷达系统所采用的相参矩形脉冲串波形，大致可分为 3 类，即低脉冲重复频率、中脉冲重复频率、高脉冲重复频率，简称低重、中重、高重。这 3 种重频针对的场合不同，低重往往关注单值测距，速度信息一般通过 MTI/MTD 加以利用，不测速；高重往往用于对目标速度较为依赖的场合，能够精确测量目标速度，且解速度模糊需求少；中重介于低重、高重之间，测距、测速兼顾，需要较频繁的解距离、速度模糊，但相比于高重，其往往占空比小，通过优化脉冲的时宽带宽，有利于获得更好的距离分辨力和测距精度。

2. 解模糊

常用的解测距模糊和解测速模糊的方法类似，都是利用两种以上不同重复频率的相参脉冲串信号完成的。

这里以一种解测速模糊的方法为例。设目标产生的真实多普勒频率为f_{d}；雷达采用两种重频的脉冲串波形工作，重频分别为f_{r1}和f_{r2}，$f_{\mathrm{r1}} < f_{\mathrm{r2}}$；$f_{\mathrm{d}}$ 对 f_{r1} 和 f_{r2} 折叠后的频率分别为 f'_{d1}、f'_{d2}；根据式(7.38)可知

$$\begin{cases} f_{\mathrm{d}} = f'_{\mathrm{d1}} + N_{f1} \cdot f_{\mathrm{r1}} \\ f_{\mathrm{d}} = f'_{\mathrm{d2}} + N_{f2} \cdot f_{\mathrm{r2}} \end{cases} \tag{7.40}$$

式中：N_{f1}，N_{f2}为折叠次数。在设计重频时，f_{r1}和f_{r2}较为接近，确保在雷达系统测速范围内有$N_{f1} - N_{f2} \leqslant 1$。由于$N_{f1}$、$N_{f2}$均为整数，因此可通过搜索算法确定使式(7.41)成立的N_{f1}、N_{f2}。

$$f'_{\mathrm{d1}} + N_{f1} \cdot f_{\mathrm{r1}} = f'_{\mathrm{d2}} + N_{f2} \cdot f_{\mathrm{r2}} \tag{7.41}$$

进而将N_{f1}或N_{f2}代入式(7.40)，即可求得f_{d}。

第 8 章　雷达信号检测

8.1　噪声条件下的最优检测

8.1.1　奈曼 - 皮尔逊准则

雷达始终工作在噪声背景中，因此雷达回波信号 $r(t)$ 在任意时刻 t_0 都有两种可能，即 $r(t_0)$ 是噪声或 $r(t_0)$ 是噪声与目标回波信号的叠加。如果用 H_0 表示 $r(t_0)$ 是噪声，H_1 表示 $r(t_0)$ 是噪声与目标回波信号的叠加，那么当我们看到 $r(t_0)$ 的幅度为 x 时，如何对该时刻 t_0 处有无目标给出一个最优的判断？

如果定义回波中时刻 t_0 处的噪声在多次观测中，幅度满足均值为 μ 的某概率分布 $X(\mu)$，那么当 $r(t_0)$ 实际是 H_0 时，多次观测的 x 服从 $X(\mu)$；当 $r(t_0)$ 实际是 H_1 时，设目标回波信号幅度为 a，则多次观测的 x 服从概率分布 $X(\mu+a)$。

现进行如下假设：

(1) 已经有了一个根据 x 的值判断有无目标的规则 R。

(2) 对 $r(t_0)$ 观测 N 次，形成了样本集 $S=\{x_1,x_2,\cdots,x_N\}$。

(3) 对 S 中的每个样本使用规则 R 进行有无目标的判断，得到样本子集 S_0、S_1；其中，S_0 是判断结果为无目标(H_0)的 x 的集合；

S_1 是判断结果为有目标(H_1)的 x 的集合;显然 $S = S_1 \cup S_0$。

(4) 概率分布 $X(\mu)$、$X(\mu + a)$ 的概率密度函数分别为 $p_0(x|H_0)$、$p_1(x|H_1)$。

根据上述假设,有以下结论:

(1) 会出现4种条件概率。$r(t_0)$实际是H_0,判断为H_0,称为正确不发现概率,即 $P(H_0|H_0)$;实际是H_0,判断为H_1,称为虚警概率,即 $P(H_1|H_0)$,记作P_{fa};实际是H_1,判断为H_0,称为漏警概率,即 $P(H_0|H_1)$,记作 P_m;实际是H_1,判断为H_1,称为发现概率,即 $P(H_1|H_1)$,记作P_d。显然,$P_m + P_d = 1$,$P_{fa} + P(H_0|H_0) = 1$。

(2) 若观测次数 N 足够大,P_{fa}和P_d 可由式(8.1)计算。

$$\begin{cases} P_{fa} = \int_{S_1} p_0(x \mid H_0)\,dx \\ P_d = \int_{S_1} p_1(x \mid H_1)\,dx \end{cases} \tag{8.1}$$

(3) 由于概率密度函数 $p_0(x|H_0)$、$p_1(x|H_1)$是非负函数,根据式(8.1),当修改判决规则 R 使子集S_1 增大时,P_{fa}和P_d 都会增大;当修改判决规则 R 使子集S_1 减小时,P_{fa}和P_d 都会减小。

(4) 虚警概率P_{fa}是错误判决,应越小越好;P_d 是正确判决,应越大越好。但根据(3)所述,二者同增同减,那么怎样做能达到最优? 雷达领域通常使用贝叶斯最优化判决准则的特例奈曼-皮尔逊准则,即使虚警概率P_{fa}始终保持在某个上限之下,同时使检测概率P_d 最大。奈曼-皮尔逊准则是制定判决规则 R 的依据。

设虚警概率P_{fa}的上限为 α,奈曼-皮尔逊准则在目标检测的场景下可描述为:制定一个最优的规则 R,规则 R 对样本集 S 生成的子集S_1,能够使虚警概率$P_{fa} \leqslant \alpha$,检测概率P_d 最大。

8.1.2 似然比

由于P_{fa}与P_d同增同减，所以P_d最大时，条件$P_{fa} \leqslant \alpha$取等号，即$P_{fa} = \alpha$。因此，该问题本质上是等式条件的极值问题。按照拉格朗日乘数法，该条件极值问题可转化为对式(8.2)寻找最优解S_1使F最大。

$$F = P_d + \lambda(P_{fa} - \alpha) \tag{8.2}$$

将式(8.1)代入式(8.2)，得

$$\begin{aligned} F &= \int_{S_1} p_1(x \mid H_1)\mathrm{d}x + \lambda\left(\int_{S_1} p_0(x \mid H_0)\mathrm{d}x - \alpha\right) \\ &= -\lambda\alpha + \int_{S_1} [p_1(x \mid H_1) + \lambda p_0(x \mid H_0)]\mathrm{d}x \end{aligned} \tag{8.3}$$

设样本集S中，能使$p_1(x|H_1) + \lambda p_0(x|H_0) > 0$的所有$x$值构成子集$S_\lambda$。对于式(8.3)，显然只有当$S_1 = S_\lambda$时，积分值才会最大，从而才能使$F$最大。因此，最优的$S_1$就是$S_\lambda$。

于是可得，使样本集S生成子集S_1(即S_λ)的规则R为：若观测值x能够使式(8.4)成立，则将x判决为H_1，否则判决为H_0。这一判决规则也称为似然比检验。

$$\frac{p_1(x|H_1)}{p_0(x|H_0)} > -\lambda \tag{8.4}$$

由于一些常用的概率密度函数包含以e为底的指数形式，为了简化表达式和计算量，往往也会对式(8.4)两边取自然对数，得到对数似然比

$$\ln\left[\frac{p_1(x|H_1)}{p_0(x|H_0)}\right] > \ln(-\lambda) \tag{8.5}$$

以回波中时刻 t_0 处的噪声幅度满足均值为 0 的高斯分布为例，当 $r(t_0)$ 实际是 H_0 时，x 服从 $N(0,\sigma^2)$；当 $r(t_0)$ 实际是 H_1 时，设目标回波信号幅度为 a，则 x 服从 $N(a,\sigma^2)$。概率密度函数 $p_0(x|H_0)$、$p_1(x|H_1)$ 如式(8.6)所示。

$$\begin{cases} p_0(x|H_0)=\dfrac{1}{\sqrt{2\pi}\sigma}\mathrm{e}^{-\frac{x^2}{2\sigma^2}} \\ p_1(x|H_1)=\dfrac{1}{\sqrt{2\pi}\sigma}\mathrm{e}^{-\frac{(x-a)^2}{2\sigma^2}} \end{cases} \tag{8.6}$$

按照式(8.5)，得

$$\ln\left[\frac{\dfrac{1}{\sqrt{2\pi}\sigma}\mathrm{e}^{-\frac{(x-a)^2}{2\sigma^2}}}{\dfrac{1}{\sqrt{2\pi}\sigma}\mathrm{e}^{-\frac{x^2}{2\sigma^2}}}\right]=\frac{a}{\sigma^2}x-\frac{a^2}{2\sigma^2}>\ln(-\lambda) \tag{8.7}$$

进一步整理得到式(8.8)。

$$x>\frac{\sigma^2}{a}\ln(-\lambda)+\frac{a}{2} \tag{8.8}$$

令

$$T=\frac{\sigma^2}{a}\ln(-\lambda)+\frac{a}{2} \tag{8.9}$$

将式(8.9)代入式(8.8)，得

$$x>T \tag{8.10}$$

根据式(8.10)可以发现，当采用奈曼 - 皮尔逊准则时，最优的判决规则是似然比检验；然而通过推导，似然比检验实质上与将观测值 x 直接与一个门限值 T 进行比较是等价的；当观测值 x 大于门限值 T，判定为有目标（即 H_1），否则判定为无目标（即 H_0）；门限

值 T 与似然比的门限值 $-\lambda$ 有关,而 $-\lambda$ 与给定的虚警概率$P_{fa}=\alpha$ 有关。

虽然上面的推导以高斯分布为例,但如果换成其他的分布样式,仍然可得到同样结论,只不过式(8.9)中门限 T 的表达式不同而已。

8.1.3 过门限检测

根据8.1.2节的结论,在奈曼-皮尔逊准则下,最优检测器其实就是将信号幅度 x 与门限 T 进行比较的检测器,x 超过门限值 T,就判定为有目标(即H_1),否则判定为无目标(即H_0)。

门限值 T 如何确定?按照8.1.2节,门限值 T 与似然比的门限值 $-\lambda$ 有关,而 $-\lambda$ 与给定的虚警概率$P_{fa}=\alpha$ 有关。那么,要得到门限 T 的大小,是否需要先计算 $-\lambda$ 再按式(8.9)计算 T 吗?回答是不需要。因为当 $x>T$ 时,判定为有目标(即H_1),所以当 x 实际是 H_0时,就会发生虚警。换句话说,对于概率密度为 $p_0(x|H_0)$ 的 x,只要 $x>T$ 就会发生虚警。所以虚警概率可由式(8.11)表示。

$$P_{fa}=\int_{T}^{+\infty}p_0(x|H_0)\,dx \tag{8.11}$$

仍以8.1.2节的高斯分布为例,有

$$\alpha=\int_{T}^{+\infty}\frac{1}{\sqrt{2\pi}\sigma}e^{-\frac{x^2}{2\sigma^2}}dx \tag{8.12}$$

显然,可根据式(8.12),求得 T 的值。(解法略去)

所以,门限 T 可根据式(8.11)按给出的虚警概率$P_{fa}=\alpha$ 进行

直接计算。得到了门限 T 后,检测概率P_d 如何计算? 因为当 $x > T$ 时,判定为有目标(即H_1),所以当 x 实际是H_1 时,就是正确检测。换句话说,对于概率密度为 $p_1(x|H_1)$ 的 x,只要 $x > T$ 就会正确检测。所以,检测概率可由式(8.13)表示。

$$P_d = \int_T^{+\infty} p_1(x|H_1)\,dx \tag{8.13}$$

8.1.2 节中的高斯分布举例所对应的虚警概率与检测概率示意图如图 8.1 所示。

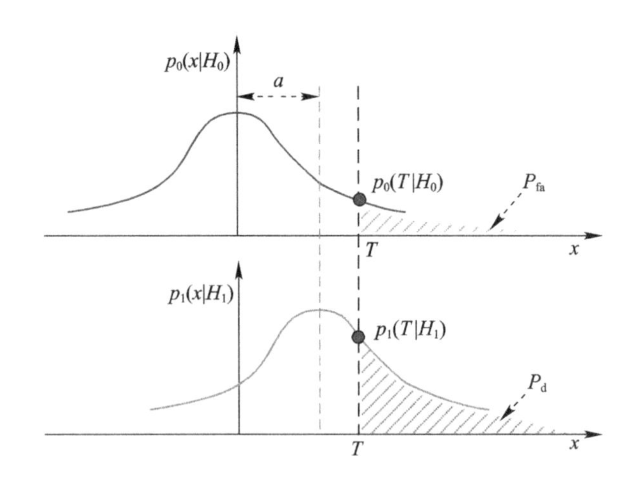

图 8.1　虚警概率与检测概率示意图

根据以上分析可知,在噪声的概率密度函数不变、虚警概率不变的条件下,门限 T 不变。从图 8.1 可以看出,如果将概率密度函数 $p_1(x|H_1)$ 向右与 $p_0(x|H_0)$ 继续拉开,在门限 T 不变的情况下,可使检测概率P_d 进一步增大。$p_1(x|H_1)$ 向右与 $p_0(x|H_0)$ 拉开的程度取决于目标回波信号幅度 a,因此在门限检测器之前通过一定手段使目标回波信号幅度增大,将能够提高检测概率。

匹配滤波是提高信噪比、增大目标信号幅度的有效手段,所以噪声中进行目标检测的最优检测器功能框图如图 8.2 所示。

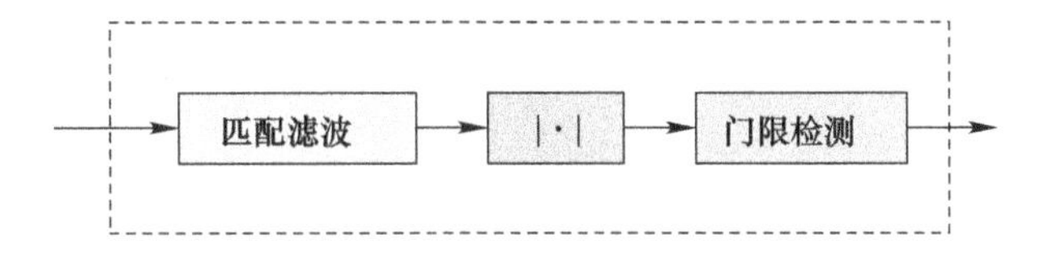

图 8.2　最优检测器功能框图

8.2　恒虚警检测器(CFAR)

8.2.1　单元平均恒虚警检测器

8.1 节讨论了对雷达回波信号 $r(t)$ 在任意时刻 t_0 处，按照奈曼 - 皮尔逊准则进行最优检测的问题，方法是先给定虚警概率 P_{fa}，再计算门限 T，然后进行过门限检测。门限 T 可根据式(8.11)求解计算，因此门限 T 与噪声的概率密度函数 $p_0(x|H_0)$ 密切相关。

雷达系统为了确保稳定的检测能力，通常要求对回波信号 $r(t)$ 上每一个时刻处的信号进行检测时，都保持给定的虚警概率 P_{fa} 不变，这种策略称为恒虚警检测。但是在 $r(t)$ 的全时间段上，噪声的概率密度函数不会始终不变，因此检测也就不能始终用同一个门限值 T 去完成，而是需要门限值 T 根据噪声概率密度函数的变化而适应性改变，从而确保虚警概率恒定。

雷达回波中的噪声幅度往往用 0 均值的高斯分布进行描述；经过下变频、正交相位检波后，成为两路 0 均值高斯分布噪声；匹配滤波和取模后，按照瑞利分布与高斯分布的关系定理，输出信号 $r(t)$ 中叠加的噪声幅度服从瑞利分布，即

$$p_0(x|H_0)=\begin{cases}\frac{x}{\sigma^2}e^{-\frac{x^2}{2\sigma^2}} & (x\geqslant 0)\\ 0 & (x<0)\end{cases} \tag{8.14}$$

由于瑞利分布只由一个参数 σ 确定，所以 $r(t)$ 上不同时刻的噪声幅度都服从瑞利分布，只是 σ 不同，如图 8.3 所示。

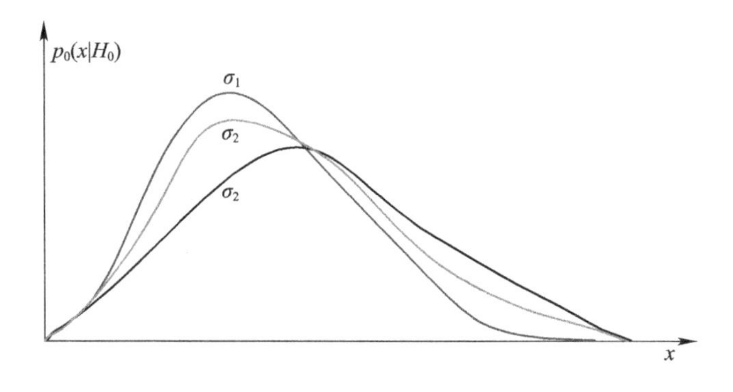

图 8.3　不同 σ 的瑞利分布示意图

为了实现恒虚警检测，只要对每个检测时刻 t_k 处的信号估计出噪声的 σ，就可将噪声的概率密度函数 $p_0(x|H_0)$ 唯一确定，便可根据预先给出的虚警概率 $P_{fa}=\alpha$ 计算该时刻 t_k 处的检测门限 T。

计算门限 T，可首先根据虚警概率定义，有式(8.15)。

$$\alpha=\int_T^{+\infty}\frac{x}{\sigma^2}e^{-\frac{x^2}{2\sigma^2}}dx=-\int_T^{+\infty}e^{-\frac{x^2}{2\sigma^2}}d\left(-\frac{x^2}{2\sigma^2}\right)=e^{-\frac{T^2}{2\sigma^2}} \tag{8.15}$$

再由式(8.15)求得 T，即

$$T=\sqrt{2}\sigma\left[-\ln(\alpha)\right]^{\frac{1}{2}} \tag{8.16}$$

在实际的雷达系统中，被检测信号 $r(t)$ 会被划分为若干时间单元，由于时间对应距离，所以也称为距离单元，如图 8.4 所示，信号检测实质上是对每个距离单元进行的。按照上面的分析，需要估计出距离单元中噪声的 σ,进而按式(8.16)计算门限 T。

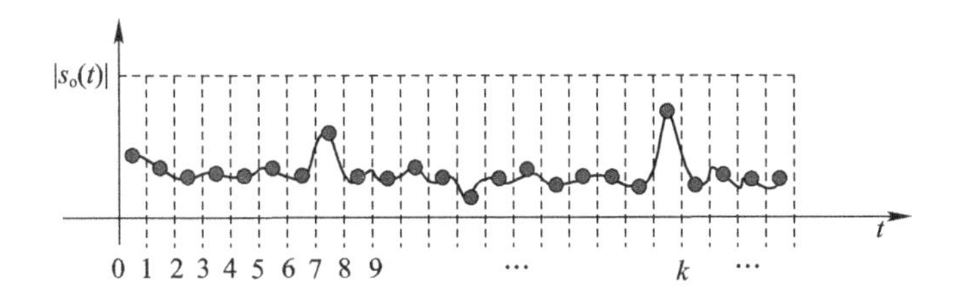

图 8.4 距离单元示意图

如何估计出 σ? 由于瑞利分布的均值为 $\sqrt{\pi/2}\sigma$,因此可以通过估计均值来反算 σ。这里需要做一个基本假设:与被检测单元临近的单元里,噪声的统计特性是相同的,即独立同分布。因此,可以利用临近单元来估计噪声的均值,假设均值估计为 μ,那么 $\sigma=\sqrt{2/\pi}\mu$,最终的门限 T 为

$$T=2\mu\left[\frac{-\ln\ (\alpha)}{\pi}\right]^{\frac{1}{2}} \tag{8.17}$$

利用临近单元来估计噪声均值的方法有多种,最基本的就是对被检测单元两侧临近单元的信号幅度求平均,称为单元平均恒虚警检测器(CA-CFAR),如图 8.5 所示。

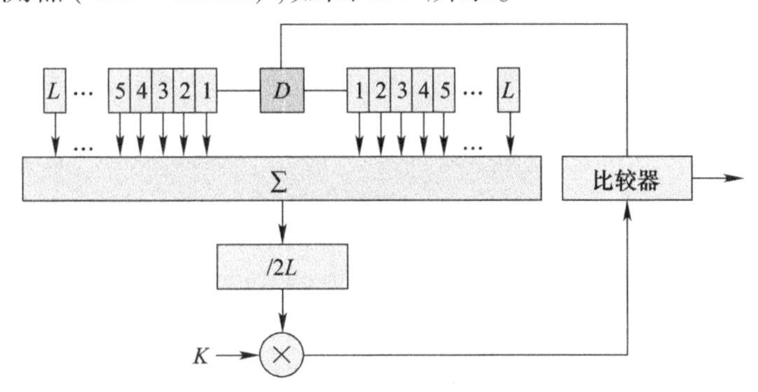

图 8.5 单元平均恒虚警检测器示意图

单元平均恒虚警检测器的局限性如下：

（1）如果目标信号自身的宽度超过一个距离单元，那么落在临近单元内的目标信号会对门限有抬高作用，从而降低检测概率。

（2）如果参加均值统计的临近单元内有其他目标，那么该目标信号会抬高检测门限，从而降低检测概率。

（3）当有较强的杂波时，在对杂波边缘的距离单元检测中，由于一侧有杂波，一侧无杂波，形成的门限可能会低于杂波，从而使杂波形成虚警。

针对上述 3 个问题，单元平均恒虚警检测器可以进行对应的改进。针对问题（1），可采用有保护单元的方式，如图 8.6 所示，使跨距离单元的目标信号不参加统计。

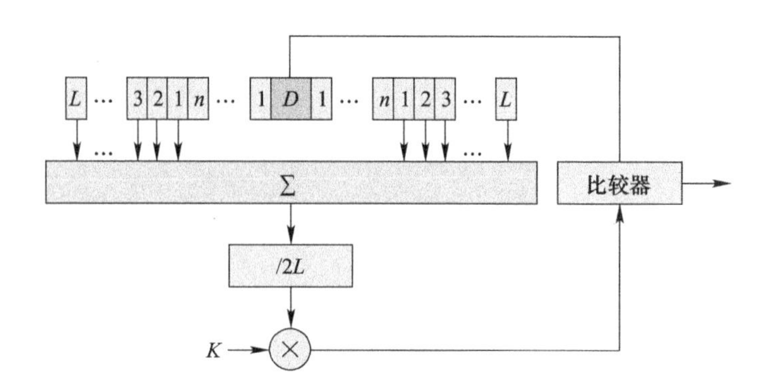

图 8.6　有保护单元的单元平均恒虚警检测器示意图

针对问题（2），可采用两侧单元平均选小的方式（SOCA－CFAR），如图 8.7 所示，使统计范围内的目标信号实际不参加统计。

针对问题（3），可采用两侧单元平均选大的方式（GOCA－

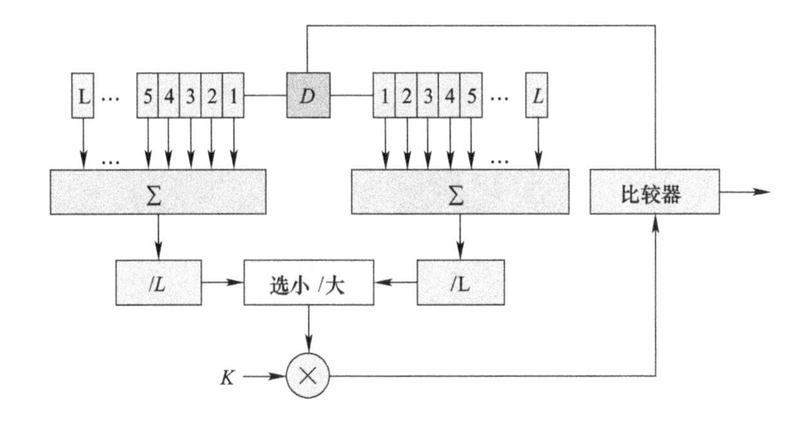

图 8.7　两侧单元平均选小/大恒虚警检测器示意图

CFAR)，如图 8.7 所示，使统计范围内的边缘杂波强度不被无杂波区拉低。

在实际的雷达系统中，有保护单元与两侧单元平均选大/选小的措施往往组合使用。

8.2.2　二维恒虚警检测器

8.2.1 节讨论了按时间/距离进行目标检测的方法。当雷达采用相参矩形脉冲串信号，并利用 FFT 等效匹配滤波器处理形成距离－速度矩阵后，目标检测就需要在距离－速度的二维矩阵上进行。

二维恒虚警检测与一维恒虚警检测的原理相似，假设被检测的距离－速度单元与临近的距离－速度单元中的噪声是独立同分布的。以有保护单元的单元平均恒虚警检测器为例，其实现原理如图 8.8 所示。实际的雷达系统，往往根据实际需要，会在图 8.8 基础上进行一定的调整。

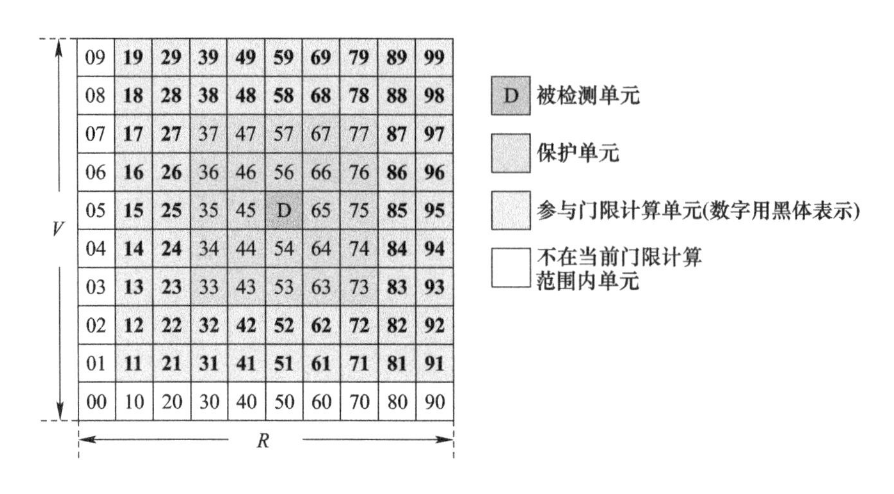

图 8.8　有保护单元的二维恒虚警检测器示意图

附录　缩略语对照表

A/D	模/数转换
AF	模糊函数
BT	时宽带宽积
CA - CFAR	单元平均恒虚警率
CFAR	恒虚警率
CNR	杂噪比
DFT	离散傅里叶变换
FFT	快速傅里叶变换
GOCA - CFAR	单元平均选大恒虚警率
HPRF	高脉冲重复频率
I/Q	同相/正交
IFFT	快速傅里叶反变换
LFM	线性调频
LPF	低通滤波器
LPRF	低脉冲重复频率
MPRF	中脉冲重复频率

MTD	动目标检测
MTI	动目标显示
PDF	概率密度函数
PRF	脉冲重复频率
PRI	脉冲重复间隔
RCS	雷达散射截面积
RD	距离－多普勒
RF	雷达频率
SCR	信杂比
SNR	信噪比

参 考 文 献

[1] 赵树杰. 雷达信号处理技术,清华大学出版社,2010.08.

[2] 邢孟道,王彤,李真芳. 雷达信号处理基础(第2版),电子工业出版社,2017.

[3] 吴顺君,梅晓春. 雷达信号处理和数据处理技术,电子工业出版社,2008.02.

[4] 陈伯孝,杨林,魏青. 雷达原理与系统,西安电子科技大学出版社,2021.12.

[5] 周万幸,胡明春,吴鸣亚,孙俊. 雷达系统分析与设计(MATLAB版)(第3版),电子工业出版社,2016.10.